美绘典藏版

# 别在吃苦的年纪选择安逸：
## 年轻人要懂得的人生哲理

BIEZAI CHIKU DE NIANJI XUANZE ANYI
NIANQINGREN YAODONGDE DE RENSHENGZHELI

文思源 —— 编著



江西美术出版社
全国百佳出版单位

图书在版编目（C I P）数据

别在吃苦的年纪选择安逸：年轻人要懂得的人生哲理 / 文思源编著 . -- 南昌 : 江西美术出版社 , 2017.7（2021.4 重印）
ISBN 978-7-5480-5464-1

Ⅰ . ①别… Ⅱ . ①文… Ⅲ . ①人生哲学一青年读物 Ⅳ . ① B821-49

中国版本图书馆 CIP 数据核字 (2017) 第 112544 号

# 别在吃苦的年纪选择安逸：年轻人要懂得的人生哲理

文思源　编著

出 版：江西美术出版社
社 址：南昌市子安路 66 号 邮编：330025
电 话：0791-86566329
发 行：010-88893001
印 刷：三河市华成印务有限公司
版 次：2017 年 10 月第 1 版
印 次：2021 年 4 月第 3 次印刷
开 本：880mm×1230mm 1/32
印 张：8
ISBN 978-7-5480-5464-1
定 价：46.00 元

# 前言

哲理之于人生，就像照亮黑夜的明星、航海用的罗盘，没有其指引，人们将永远在盲目与混乱中摸索挣扎、举步维艰，找不到正确的方向。人生哲理，年轻时不明白，也不曾想要去明白；中年时想要明白，却经常想不明白；年老时都已明白，失去的东西却已太多。人生的太多遗憾和悔恨莫过于此。因此，早一天领悟人生哲理，就早一天少走弯路、少受挫折，在人生的道路上也就走得更平稳、更顺利，从而使我们加快走向成功的步伐，早日拥有属于自己的一片蓝天。

人生哲理，早一天领悟，早一天走向成功；早一天掌握，早一天拥有幸福。一位哲人说："如果倒着活，即从80岁开始活到1岁，将有80%的人成为伟人。"很多人对此颇为认同，因为一个80岁的老者必然已经懂得和掌握了人生的种种智慧，如果可以倒着活，他就可以轻而易举地避开人生中的障碍和陷阱，明白什么是可以抓住幸福的机会、什么只是耗费光阴的诱惑，从而收获最大的幸福和成功。而假如我们在40岁、30岁，甚至在20岁的时候便已经拥有了如何使生命闪光的智慧，那么，我们就能够为自己的人生写就更为精彩的辉煌篇章。

在人生的道路上，很少有平坦的捷径，往往充满着坎坷和崎岖。然而，无论是在工作还是生活中，我们总会犯一些这样那样的错误，遭受一些这样那样的挫折。如何才能正确地把握人生？如何才能领会生活的真谛？如何做生活的智者？答案就是掌握并领悟人生哲理。因为哲理是无数前人成功经验和失败教训的总结，是生活智慧的结晶，是一盏盏指引我们绕开阻碍、顺利奔向理想的明灯。只有懂得并掌握了人生的智慧，我们的人生才能如鱼得水、游刃有余。它会给你安慰、给你力量，让你在人生的道路上永远立于不败之地。

每个人的生命从诞生的那一刻起，便被赋予了一个严肃的话题，那就是人生。生命从起点到终点，其间不论长短，都是一次人生的终结，但同样的"生与死"却有着不一样的个体价值。或许可以这么说，生使所有人站在同一条水平线上，死却让卓越的人崭露头角。那么，究竟是什么样的力量导致我们的人生质量如此不同呢？人生的真谛究竟是什么？我们活着又是为了什么？这一切关于人生与生命的叩问，在每个夜深人静之时，在每次孤独寂寞之时，它们如同潮水般涌向每一颗思索的心。在一次又一次的无功而返后，随着岁月的年轮不断增长，我们终于向“人生”妥协，我们开始不去追寻人生的意义，渐渐地，在我们的心底留下了一个关于人生、关于生命的无解问题。也许这样说也不够准确，有时我们甚至又觉得它是多解的，就如同数学里的“X”这一符号，它具有无限的可能，似乎无论我们如何作答都行得通。

在人生的旅途中，每个人都难免遇到一个个难题。如果把这些难题比作人生的“坎儿”，那么本书讲述的哲理就是人生智慧的锦囊；如果把难题比作一扇扇有待开启的大门，那么本书的哲理就是一把把开启它们的钥匙。此刻我们将它们双手奉上，希望能得到你的妥善保管、认真利用。衷心祝愿每一位获此人生“锦囊”的人都能实现自己心中的梦想，成就美满、幸福的人生。米兰·昆德拉说：“生活是一张永远无法完成的草图，是一次永远无法正式上演的彩排，人们在面对抉择时完全没有判断的依据。我们既不能把它们与我们以前的生活相比，也无法使其完美之后再来度过。”

本书汇集了古今中外对人生最具启发和指导意义的哲理，故事内容缤纷多彩，涉及成败、心态、机遇、幸福、宽容、品德、命运、处世、亲情、婚姻等人生的方方面面，让年轻人在轻松的阅读中得到全面的人生启迪，学会为人处世及立足社会的必备技能，更深刻地理解和把握人生，从容地面对生活中的各种问题。本书旨在帮助年轻人及早了解人生百态，尽快把握人生，在未来的人生旅程中，多一些得，少一些失；多一些成，少一些败。这些凝聚着前人智慧和经验的哲理是我们受益一生的法宝。只要你领悟其中的道理，娴熟地掌握、运用，相信你一定能够成就自我，你的人生就不会留下遗憾。

# 目录 CONTENTS

别在吃苦的年纪选择安逸：
年轻人要懂得的人生哲理


**第一章　读懂人生，才能成就一生 ........................................ 001**

对人生多一些反思，生活会少一点盲目 ........................................ 002

时间如白驹过隙，积少亦可成多 ........................................ 003

你一定还有遗漏，别把最重要的自己给丢弃 ........................................ 004

生命的恩赐，也许不是繁花似锦 ........................................ 005

给人生算账，绝不含糊过日子 ........................................ 007

善恶只在一念间 ........................................ 008

生命中最重要的不是昨天和明天，而是今天 ........................................ 009

有些真相还是不知道为好，了解越多内心只会越烦乱 ........................................ 009

完美是种理想，允许修改多次也会有遗憾 ........................................ 011

生命是一场旅行，不要急于到达终点 ........................................ 012

在绝境中，我们才能感受到真正的自己 ........................................ 013

**第二章　得意时泰然，失意时淡然 ........................................ 017**

心态决定你的人生，不要试图和自己过不去 ........................................ 018

相信困难会过去，一切都会过去 ........................................ 019

希望，造就积极心态 ........................................ 020

生活如镜，给它以微笑，它必将报你以微笑 ........................................ 021

态度决定人生的高度 ........................................ 022

知足，人生才能富足 ........................................ 023

心中有乐者，人生字典里没有“倒霉”二字......024

**第三章　成功时看得起别人，失败时看得起自己......027**

相信自己，别人才能相信你......028

将姿态放低，赢得他人的敬重......029

为人处世要谦恭......030

胸怀雅量......033

当别人看扁我们的时候，只有成绩才是最好的证明......034

不断地自我挑战，终究会看到上帝的微笑......036

想获得他人的掌声，先要做个坚强的人......038

苦难是所让人受益的学校......039

怕苦，苦一世；不怕苦，苦一时......040

**第四章　世界上没有失败，只有暂时的不成功......043**

要想使人生出现转机，就要做到出新出奇......044

世界上没有失败，只有暂时的不成功......045

想要取得成功，就要善于发现和抢占机会......046

一个人若想成功，往往要经历很多惨痛的事......048

只有充分了解自己，才能握住成功的手......050

成功的第一秘诀......052

认准并发挥自己的特长，就有机会成功......053

把精力集中到一个目标上，迟早会有所成就......054

**第五章　因为痛，所以叫青春......057**

给自我加重，是一个人不被打倒的唯一的方法......058

想做就立刻去做，不要有半点迟疑......059
不停地奋斗，才能成为生活的强者......060
贫穷是一所学校，只有通过劳动才能毕业......061
勇敢地面对别人轻视嘲笑的目光，做生活中真正的强者......063
勇敢地迎接挑战，才能无愧于人生......065

**第六章　保持积极的心态......067**

改变了心态，生活也会随之改变......068
保持积极的心态，积极地行动起来......069
无论发生了什么，都没有什么大不了的......070
当弱点受到挑战时，用强项去迎接挑战......072
一切都会过去......073
即使在最绝望的时候，也要再努力一次......074
在困境中，要相信一切都能应付过去......075
调整心态，走出困境......077
你是第一，因为每个人都是独一无二的......078

**第七章　想改变命运，先改变自己......081**

如果想改变命运，最重要的是要改变自己......082
改变命运，先要改变内心......083
有什么样的看法，往往就会有什么样的命运......084
用正确的方式审视自己，一切都会改变的......085
习惯都是自己养成的，我们有能力改变它......087
要想变得富有，最好的方法是向富人学习......088

要想收获果实，就必须先播种 089
克服焦虑 090

第八章 活着是一场修行 093
只有去行动了，才会知道有什么样的结果 094
如果你认为自己的主意很好，就去试一试 096
每个年龄都是最好的 097
贵在持之以恒 099
很多时候，好运气也是靠自己的努力得来的 100
生活是最好的老师，它会教给我们所需的知识 101

第九章 说话有分寸，办事有尺度 103
同一语句或动作，可以作不同的解释 104
用含蓄的语言，把意思委婉地表达出来 105
倾听让你受欢迎 106
如果不能直接说服，就换种方式委婉地说服 108
同一意思换种说法，就会有不同的结果 108
先就事论事，再进一步引申出主题 109
善意的谎言，有时也很美丽 110

第十章 注重细节，抓住每次机遇 113
一些看似极微小的事情，却有可能引发重大事件 114
借力而行 115
哪怕只是举手之劳，也可能会挽救一个人 116

看似简单的几句话，常常会挽救或毁灭一个灵魂......117

一个微不足道的动作，或许就会改变人的一生......119

即使是最简单的事情，也要做到最好......120

即使只做了一点小事，也会换来别人的感激之情......121

不放弃任何一次机会，哪怕只有万分之一的可能性......123

**第十一章 不要在不经意间，错过一些最重要的东西......125**

拒绝诱惑......126

生命中有很多事，需要慢慢去等......127

只有好好地把握住今天，才能创造美好的明天......129

再坚持一小会儿，往往就是另一个结局......130

财富是一点一滴积累起来的，所以要珍惜每一分钱......130

经历的坎坷和磨难，是人生的一笔财富......132

不要跌倒在自己的优势上......133

有些看起来微不足道的人，往往才是最重要的人......134

有目标的人生，才是充盈的人生......135

要想飞起来，先要有飞翔的信念......138

细心观察身边发生的事情，就会有很多惊奇的发现......139

抓住灵感的火花，把灵感进行到底......140

为了将来不后悔，要好好把握生命中的一切......143

**第十二章 低调处世，做人拒绝张扬......145**

你可以不聪慧，但不能没原则......146

给别人留一点面子，为自己留一条退路......147

人生总有不如意，落井下石要不得......148

弯曲是生存的哲学，大丈夫要能屈能伸......149

小聪明可得一时之快，大智慧方可一世欢畅......150

不要为了讨好别人而改变自己......151

做事可以失败，做人一定要成功......152

遇事多思考，切莫被眼前的景象打乱阵脚......153

帮助他人，也要讲究方法策略......154

**第十三章 拒绝平庸，做最好的自己......157**

产生畏难情绪时，要强迫自己坚持下去......158

接受不幸不如接受挑战，相信命运不如相信自己......159

没有思想和主见，一切学识和经验都毫无价值......161

做事最怕没创意，有创意的东西才能引起关注......162

认识并相信自己，才能更好地发挥潜能......164

甩掉自卑的包袱......165

勇于出新出奇，才会有更多成功的机会......166

**第十四章 幸福掌握在自己手中......169**

信念是幸福人生的航道......170

专注、执着，幸福之本......171

情感需要分享......172

再尝试一次，幸福就在门后......174

人生的冷遇也是一种幸运......174

扼住命运的咽喉，才是命运的主人......176

置自己于悬崖，拓展生命的宽度……177

微笑的力量……179

第十五章 拆掉思维里的墙……181

善于运用大脑的人，无论在何时何地都会有成功相伴……182

只要动动脑筋，就可以变不利为有利……183

只有变通思维，才能变不可能为可能……184

在危急状况下，要保持冷静并正确思考……185

只有打开固定思维这把锁，才能打开心中的锁……186

只有抓住了问题的关键，才能从根本上解决问题……187

跳出自己的思维定式，才会走出死胡同……188

巧用劣势……189

山穷水尽时，应该另辟蹊径……190

第十六章 心有多大，舞台就有多大……193

一个人的心有多大，舞台就有多大……194

信念像一面旗帜，能给人以无穷的精神力量……195

展示真实的自己……196

对于自己不熟悉的领域，不要轻易去涉足……198

无论是谁，都有比其他人做得更好的地方……199

不断挑战自我的极限，就没有什么事是做不到的……200

第十七章 感谢折磨你的人和事……203

对人生多一些反思，生活会少一点盲目……204

宽容并非奢侈品……205

用爱去宽恕，用真诚去回报 ........ 206
别把自己囚禁在仇恨里 ........ 208
为怨恨的心灵寻找解脱 ........ 209
宽容别人是在升华自己 ........ 210
你可以改变心情 ........ 211
宽容铺建了一条五彩路 ........ 211
原谅自己仇人的人最高尚 ........ 213

**第十八章 学会爱，超越爱 ........ 215**

爱的力量是伟大的，因为爱可以创造奇迹 ........ 216
付出自己的爱心，可以创造生命的奇迹 ........ 217
花点时间去行善，心灵会得到慰藉 ........ 218
爱，就是为对方着想 ........ 219

爱能创造出力量，这力量能使人变得杰出......220
爱不需要回报，它需要的是心心相传......221
奉献一点爱心，就可以收获美好的人生......222
恶念需要摈除，善念需要觉悟......223
有清白的良心，我们才能安然入睡......224
在这个世界上，真正的上帝是人们的爱心......225
爱，需要自由的空间......227
在最危急的时刻，表达出的爱才最真挚......229
孩子的心愿不但简单，而且朴素真挚......230

**第十九章 世事本不完美，人生当有不足......233**

太能算计者，快乐与他绝缘......234
放慢脚步，才能欣赏到沿途的风景......235
把工作当作一件快乐的事情，就不会再有紧张......236
过分紧张会影响发挥，做事情不能患得患失......238
发现生活的美......238
别开生面的一堂课，让我们受益良多......240
太在意你的外表，有时反而会成为你的负担......241

# 第一章

# 读懂人生，才能成就一生

人生的真谛究竟是什么？我们活着又是为了什么？这一切关于人生与生命的叩问，在每个夜深人静之时，在每次孤独寂寞之时，它们如同潮水般涌向每一个思索的心房。

在一次又一次的无功而返后，在岁月的年轮不断增长时，我们终于向“人生”妥协，我们开始不去追寻人生的意义，渐渐地，在我们的心底留下了一个关于人生、关于生命的无解问题。

# 对人生多一些反思，生活会少一点盲目

一个名叫“我”的人做了个梦。

“我”在梦中见到了上帝。

上帝问“我”：“你想采访我吗？”

“我”说：“我很想采访你，但不知你是否有时间。”

上帝笑道：“我的时间是永恒的。你有什么问题吗？”

“你感到人类最奇怪的是什么？”

上帝答道：“他们厌倦童年生活，急于长大，而后又渴望返老还童；他们牺牲自己的健康来换取金钱，而后又牺牲金钱来恢复健康；他们对未来充满忧虑，却忘记了现在；于是，他们既不生活于现在之中，也不生活于未来之中；他们活着的时候好像从不会死去，但是死去以后又好像从未活过……”

上帝握住“我”的手，“我”沉默了片刻。

“我”问道：“作为长辈，你有什么生活经验要告诉子女？”

上帝笑着答道：“他们应该知道，不可能取悦所有人，他们所能做的只是让自己被人所爱；他们应该知道，一生中最有价值的不是拥有什么东西，而是拥有什么人；他们应该知道，与他人攀比是不好的；他们应该知道，富有的人并不拥有最多，而是需要最少；他们应该知道，要在所爱的人身上造成深度的创伤只要几秒钟，但是治疗创伤却要花几年的时间；他们应该知道，有些人深深地爱着他们，却不知道如何表达自己的感情；他们应该知道，金钱可以买到任何东西，却买不到幸福；他们应该知道，两

个人看同一个事物，会看出不同的东西；他们应该知道，得到别人的宽恕是不够的，他们也应当宽恕自己；他们应该知道，我始终存在。”

人生感悟　应该知道，得到别人的宽恕是不够的，他们也应当宽恕自己；他们应该知道：“我始终存在。”

# 时间如白驹过隙，积少亦可成多

卡尔·华尔德曾经是爱尔斯金的钢琴教师。有一天，他给爱尔斯金上课的时候，忽然问他：“你每天要花多少时间练习弹琴？”

爱尔斯金说：“大约每天3个小时。”

“不，不要这样！”卡尔说，“你将来长大以后，每天不会有长时间的空闲的。你可以养成习惯，一有空闲就几分钟几分钟地练习。比如在你上学以前，或在午饭以后，花上5分钟去练习，这样，弹钢琴就成了你日常生活中的一部分了。”

14岁的爱尔斯金对卡尔的忠告未加注意，但后来回想起来觉得真是至理名言。

爱尔斯金在哥伦比亚大学教书的时候，他想兼职从事创作。可是上课、看卷子、开会等事情把他白天和晚上的时间完全占满了。差不多有两个年头，他不曾动笔，他的借口是“没有时间”。后来，他突然想起了卡尔告诉他的话。到了下一个星期，他就把卡尔的话实践起来。只要有5分钟左右的空闲时间，他就坐下来写作100字或短短的几行。

出乎意料，在那个星期快结束的时候，爱尔斯金竟写出了相当多的稿子。后来，他用同样积少成多的方法创作长篇小说。爱尔斯金的授课工作虽一天比一天繁重，但是每天仍有许多可以利用的短短余闲。他同时还练习钢琴，发现每天小小的间歇时间，足够他从事创作与弹琴两项工作。

利用短时间，其中有一个诀窍：你要把工作进行得迅速，如果只有5分钟的时间给你写作，你切不可把4分钟消磨在咬你的铅笔尾巴上。事前要有所准备，工作的时候，立刻把心神集中在工作上。迅速集中脑力，做起来并不像你想象的那样困难。极短的时间，如果能毫不拖延地充分加以利用，就能积少成多地供给你更多成功的机会。

人生感悟　时间不能增加一个人的寿命，然而珍惜光阴可使生命变得更有价值。

# 你一定还有遗漏，别把最重要的自己给丢弃

庙里新来了一个小和尚，他积极主动地跑到方丈面前，殷勤诚恳地说："我初来乍到，先干些什么呢？请前辈指教。"

方丈微微一笑，对小和尚说："你先认识一下寺里的众僧吧。"

第二天，小和尚又来见方丈，殷勤诚恳地说："寺里的众僧我都认识了，下边该干什么呢？"

方丈微微一笑，睿智地说："肯定还有遗漏，再接着去了解、去认识吧。"

3天过去了，小和尚再次来见方丈说："寺里的所有僧侣我都认识了，我想做点事。"

方丈微微一笑："还有一人，你没认识，而且，这个人对你特别重要。"

小和尚疑惑地走出方丈的禅房，一个人一个人地询问、一间屋一间屋地寻找。在阳光里、在月光下，他一遍遍地琢磨，一遍遍地寻思着……不知过了多少天，小和尚在一口水井里忽然看到自己的身影，他豁然醒悟，赶忙跑去见方丈……

人生感悟　世界上有一个人，离你最近也最远；世界上有一个人，与你最亲也最疏；世界上有一个人你常常想起，也最容易忘记……这个人，就是你自己。

# 生命的恩赐，也许不是繁花似锦

在生命的黎明时分，走来一位带着篮子的仁慈仙女，她对一个少年说：“篮子里都是礼物，你挑一样吧，而且只能带走一样。小心些，做出明智的选择。哦，之所以要你做出明智的抉择，是因为，这些礼物当中只有一样是宝贵的。”

礼物有5种：名望、爱情、财富、欢乐、死亡。少年迫不及待地说：“这根本没有必要考虑，我选择欢乐。”

他踏进社会，寻欢作乐，沉湎其中。可是，到头来每一次欢乐都是短暂、沮丧、虚妄的。它们在行将消逝时都嘲笑他。最后，他颇为后悔地说：“这些年我都白过了。假如我能重新挑选，我一定会做出明智的选择。”

话音未落，仙女出现了，说：“还剩4样礼物，再挑一次吧，哦，记住，光阴似箭，要做出明智的选择。这些礼物当中只有一样是宝贵的。”

当初的少年已成为男人，他这次很慎重，沉思良久，然后挑选了爱情。仙女见此，眼里涌出了泪花。但是，这个男人并没有觉察到。

很多年过去了，这个男人坐在一间空屋里，守着一口棺材。他神情沮丧，喃喃自语道：“她们一个个抛下我走了。如今，最后一个最亲密的人也躺在这儿了。一阵阵孤寂朝我袭来。爱情这个滑头的商人，每卖给我一小时的欢娱，我就需要付出一个小时的悲伤。我从心底里诅咒它呀。”

“重新挑吧，”仙女又出现了，说，“岁月无疑把你教聪明了。还剩3样礼物。记住，它们当中只有一样是有价值的，注意选择。”

这个男人沉吟良久，然后小心翼翼地挑了名望。仙女叹了口

气，扬长而去。

很多年以后，仙女又回来了。此时，那个男人正独坐在暮色中冥想。她站在他的身后，她明白他的心思："我名扬全球，有口皆碑。我虽有一时之喜，但毕竟转瞬即逝！忌妒、诽谤、中伤、嫉恨、迫害却接踵而来，然后便是嘲笑，这是收场的开端；一切的末了，则是怜悯，它是名望的葬礼。出名的辛酸和悲伤啊！声名卓著时，遭人唾骂；声名狼藉时，受人轻蔑和怜悯。"

"再挑吧。"仙女开口说，"别绝望，还剩两样礼物，记住我的礼物中只有一样是宝贵的，而且你很幸运，它还在这儿呢。"

"财富，它就是权力！我真瞎了眼呀！"那个男人疯狂地叫喊着，"现在，我终于挑选到生命中最有价值的礼物了。我要挥金如土，大肆炫耀。那些惯于嘲笑和蔑视的人将匍匐在我脚前的污泥中。我要用他们的忌妒来喂饱我饥饿的心灵。我要享受一切奢华、一切快乐，以及精神上的一切陶醉，肉体上的一切满足。我要买名望、买遵从、买崇敬——庸碌的人间商场所能提供的人生的种种虚荣享受。在这之前，那些糊涂的选择让我失去了许多时间。那时我懵然无知，尽挑那些貌似最好的东西。"

短暂的3年过去了。一天，那个男人坐在一间简陋的顶楼里瑟瑟发抖。他衣衫褴褛，身体憔悴，脸色苍白，双眼凹陷。他一边咀嚼一块干面包，一边愤愤地嘀咕道："为了那种种卑劣的事端和镀金的谎言，我要诅咒人间的一切礼物，以及一切徒有虚名的东西！它们根本不是礼物，只是些暂借的东西罢了。欢乐、爱情、名望、财富，都只是些暂时的伪装，它们永恒的真相是痛苦、悲伤、羞辱、贫穷。仙女说的一点不错，她的礼物之中只有一样是宝贵的，只有一样是有价值的。现在我知道，与那无价之宝相比，这些东西是多么可怜卑贱啊！那珍贵、甜蜜、仁厚的礼物呀！沉浸在无梦的永久酣睡之中，折磨肉体的痛苦和咬啮心灵的羞辱、悲伤便一了百了。给我吧！我疲倦了，我要安息。"

仙女又出现了，而且又带来了4样礼物，唯独没有死亡。她说："我把它给了一个母亲的爱儿——一个小孩子。他虽懵然无知，却信任我，求我代他挑选。你没要求我替你选择啊！"

"哦，我真惨啊！那么留给我的是什么呢？"

"侮辱，你只配遭受垂垂暮年的反复无常的侮辱。"

人生感悟

万事万物，世间的一切名誉、地位最终统统都会随风而逝，而个人的终极命运则是“荒冢一堆草”。生让所有人平等，而死亡则会使卓越的人凸显出来。

# 给人生算账，绝不含糊过日子

人们对于金钱的开支，大多比较留心，但对于时间的支出，却往往不大在意。如果对人们在工作生活等方面所用去的时间一一予以记录，列出一份“生命的账单”，不仅十分有趣，而且可能会令人有所感悟，有所警醒。

著名的《兴趣》杂志对人一生在时间的支配上做过一次调查，结果是这样的：站着，30年；睡觉，23年；坐着，17年；走着，16年；跑着，1年零75天；吃饭，7年；看电视，6年；闲聊，5年零258天；开车，5年；生气，4年；做饭，3年零195天；穿衣，1年零166天；排队，1年零135天；过节，1年零75天；喝酒，2年；如厕，195天；刷牙，92天；哭，50天；说“你好”，8天；看时间，3天。

古时有一首《莲花落》的词写道：“人生七十古稀，我年七十为奇，前十年幼小，后十年衰老，中间只有五十年，一半又在夜里过了。算来只有廿五年在世，受尽多少奔波烦恼……”

25年，倘若再除去劳碌纷争，属于我们的欢笑就更少得可怜了。

有本叫作《相约星期二》的书，写的是一位叫莫尔的教授，不幸身患绝症，在生命的最后，他跟他的学生慨叹道：“我们总觉得自己有的是时间，其实，生命是多么的短暂、多么的有限。要知道‘来日无多’，生活中永远别说‘太迟了’。”

人生感悟

不知道你看了这份“生命账单”是否感到触目惊心。这份账单上的时间开支，有一些是非花销不可的，但有的却完全可以节省。

# 善恶只在一念间

一位老僧坐在路旁，双目紧闭，盘着双腿，两手交握在衣襟之下，陷入沉思。

突然，他的冥思被打断。打断他的是武士嘶哑而恳求的声音：“老头！告诉我什么是天堂！什么是地狱！”

老僧毫无反应，好像什么也没听到。但渐渐地他睁开双眼，嘴角露出一丝微笑。武士站在旁边，迫不及待，有如热锅上的蚂蚁。

“你想知道天堂和地狱的秘密？”老僧说道，“你这等粗野之人，手脚沾满污泥，头发蓬乱，胡须肮脏，剑上铁锈斑斑，一看就知道没有好好保管，你这等丑陋的家伙，你娘把你打扮得像个小丑，你还来问我天堂和地狱的秘密！”

武士恶狠狠地骂了一句。“刷”地拔出剑来，举到老僧头上。他满脸血红，脖子上青筋暴露，就要砍下老僧的人头。

利剑将要落下，老僧忽然轻轻地说道：“这就是地狱。”

霎时，武士惊愕不已，肃然起敬，对眼前这个敢以生命来教导他的老僧充满怜悯和爱意。他的剑停在半空，他的眼里噙满了感激的泪水。

“这就是天堂。”老僧说道。

## 人生感悟

善恶常在一念之间。一切恶念、恶言、恶行，对于自己和他人都是地狱；一切善念、善言、善举对于自己和他人都是天堂。如果人人都能弃恶从善，即使是地狱也能成为天堂。因此，每个人都要静坐常思己过，经常检点审视自己的内心，摒除心中的恶念，放弃伤人的恶言、恶行，让自己的心灵纯净，这样才会得到真正的内心的平静和安宁。

# 生命中最重要的不是昨天和明天，而是今天

1871年春天，一个蒙特端综合医院的学生偶然拿起一本书，看到了书上的一句话，就是这句话，改变了这个年轻人的一生。它使这个原来只知道担心自己的期末考试成绩、自己将来的生活何去何从的年轻的医学院的学生，最后成为他那一代最有名的医学家。他创建了举世闻名的约翰·霍普金斯学院，被聘为牛津大学医学院的讲座教授，还被英国国王册封为爵士。他死后，用厚达1466页的两大卷书才记述完他的一生。

他就是威廉·奥斯勒爵士，而下面，就是他在1871年看到的由汤冯士·卡莱里所写的那句话："人的一生最重要的不是期望模糊的未来，而是重视手边清楚的现在。"

威廉·奥斯勒爵士曾在耶鲁大学做了一场演讲，他告诉那些大学生，在别人眼里，曾经当过4年大学教授，写过一本畅销书的他，拥有的应该是一个特殊的头脑，可是，他的好朋友们都知道，他其实也是个普通人。他的一生得益于那句话："人的一生最重要的不是期望模糊的未来，而是重视手边清楚的现在。"

**人生感悟**　对于我们每个生命个体而言，最重要的是把今天的事做好，而非为不切实际的虚幻未来担忧，也不是为了不可改变的昨天，我们只为今天而活。

# 有些真相还是不知道为好，了解越多内心只会越烦乱

一名男子百无聊赖地在大街上闲逛，他看到有一家商店的橱窗里什么也没有，便把脸贴在玻璃上使劲往里看，想看看这家商店到底是卖什么东西的，只见货架的牌子上写着各种各样的真相。

他感到很奇怪，便走了进去。在一个柜台前，他向小姐问道：“这是卖真相的商店吗？”

小姐答道：“是的，先生，您要买什么真相？部分真相、相对真相、统计真相，还是完全真相？”

他没有想到会有一个能买到真相的商店，感到很有意思。太多的欺骗、隐瞒、谎言和假货使他伤透心了，于是他不假思索地说道：“我要买完全真相！”

于是，小姐把他带到另外一个柜台前，那里有一名男店员。他对那位表情严肃的男店员说：“我要买完全真相。”

“对不起，先生，您知道买完全真相要付出什么代价吗？”男店员问道。

“不知道。”他嘴上这样说，可是心里想，为了买到完全真相，不论什么代价他都愿意付出。

男店员告诉他，如果他要买走完全真相，需要付出的代价是自己永生不得安宁。他听后大吃一惊，没有想到买真相要付出如此巨大的代价，于是急匆匆地走出了商店。

他有些悲哀地意识到，他毕竟还需要一些谎言和借口把某些事情隐藏起来，他还没有勇气直面所有赤裸裸的真相。

## 人生感悟

有些事眼不见为净，知道得越多越危险。人生的许多事情拆穿了就没有意思了，还不如轻轻松松地睁一只眼、闭一只眼来得逍遥自在。

# 完美是种理想，允许修改多次也会有遗憾

有个叫伊凡的青年，读了契诃夫“要是已经活过来的那段人生，只是个草稿，有一次誊写，该有多好”这段话，十分神往，于是打了份报告递给上帝，请求在他的身上做个试验。

上帝沉默了一会儿，决定让伊凡在寻找伴侣一事上试一试。

到了结婚年龄，伊凡碰上了一位绝顶漂亮的姑娘，姑娘也倾心于他，伊凡感到非常理想，他们很快结成夫妻。不久，伊凡发觉姑娘虽然漂亮，可她一说话就“豁边”，一做事就“翻船”，两人的心灵无法沟通，他把这一次婚姻作为草稿抹了。

伊凡第二次的婚姻对象，除了绝顶漂亮以外，又加上绝顶能干和绝顶聪明。可是也没多久，他发现这个女人脾气坏，个性极强，聪明成了她讽刺伊凡的“利器”，能干成了她捉弄伊凡的手段。伊凡无法忍受这种折磨，他祈求上帝，请准予第三稿。

上帝笑了笑，也允了。

伊凡第三次成婚时，又加上了脾气好一条。婚后两人和睦亲热，半年下来，不料娇妻患上重病，卧床不起，能干、聪明一无所用，只剩下了毫无可用的好脾气。

从道德角度看，伊凡应与她厮守终生；但从生活角度看，无疑是相当不幸的，人生只有一次，一次无比珍贵，他试探能否再给他一次“草稿”和“誊写”。上帝面有愠色，但想到是试点，最后还是容许他再作修改。

伊凡经历了这几次折腾，个性已成熟，交际也老练了，最后终于选到了一位年轻漂亮能干、温顺健康的“天使”女郎。他非常满意，不想“天使”竟要变卦，她了解到伊凡是一个朝三暮四，连病人也不体恤的浪荡男人，提出要解除婚约。

上帝很为难，但为了确保伊凡的试点，未允。

“天使”说：“我们许多人被伊凡做了草稿，如果试验是为了推广，难道我们就不能有一次草稿和誊写的机会？”

上帝理屈，无法自圆，最后只好让伊凡也作为草稿，誊写在外。

满腹狐疑的伊凡，正在人生路上踟蹰，忽见前方新立一杆路标，是契诃夫二世写的：“完美是种理想，允许你修改10次也不会没有遗憾！”

人生感悟　过分苛求完美只能带给自己终身遗憾，人的内心对一些事物、一些人总感觉无法满足，感到不够完美，殊不知，缺憾美正是人生的主旋律。

# 生命是一场旅行，不要急于到达终点

从前，有个年轻的农夫和情人相约在一棵大树下见面。他性子急，很早就来了。虽然春光明媚，鲜花烂漫，但他急躁不安，无心观赏，颓丧地坐在大树下长吁短叹。

忽然他面前出现了一个小精灵。“你等得不耐烦了吧？”精灵说，“把这个纽扣缝在衣服上吧。要是遇上不想等待的时候，向右旋转一下纽扣，你想跳过多长时间都行。”

小伙子高兴得不得了，握着纽扣，轻轻地转了一下。啊！真是奇妙！情人出现在他的眼前，正含情脉脉地凝望着他呢！“要是现在就举行婚礼该有多棒啊！”他心里暗暗地想着。他又转了一下，隆重的婚礼、丰盛的酒席出现在他的面前，美若天仙的新娘依偎着他，他深深地陶醉其中。他看着美丽的新娘，又想：“如果现在只有我们俩该多好！”不知不觉中纽扣又转动了一点，立刻夜阑人静……

他心中的愿望层出不穷：“还要一所大房子，前面是自己的花园和果园。”他转动着纽扣，还想要一大群可爱的孩子。顿时，一群活泼健康的孩子在宽敞的客厅里愉快地玩耍。他又迫不及待地将纽扣向右转了一大半。

时光如梭，还没有看到花园里开放的鲜花和果园里累累的果实，一切就被茫茫的大雪覆盖了。再看看自己，须发皆白，已经老态龙钟了。

他懊悔不已：“我情愿一步步走完一生，也不要这样匆匆而过，还是让我耐心等待吧！”扣子猛地向左转动了，他又在那棵大树下等着可爱的情人。他的焦躁烟消云散了，心平气和地看着蔚蓝的天空。原来，人生不能跳跃着前行，耐心等待才能让生命的历程充满乐趣。

**人生感悟**　每个人的一生就是一部历史，应该好好享受每一个过程，而不要急不可耐地将它翻到最后一页。

# 在绝境中，我们才能感受到真正的自己

父亲狄克携着儿子布莱克在山间漫游，借着山水当中的灵秀之气，父亲不断地给布莱克在智慧及灵性上予以开导。

突然，布莱克一声惊叫，指着远方急切地喊道：“爸爸，您看——”

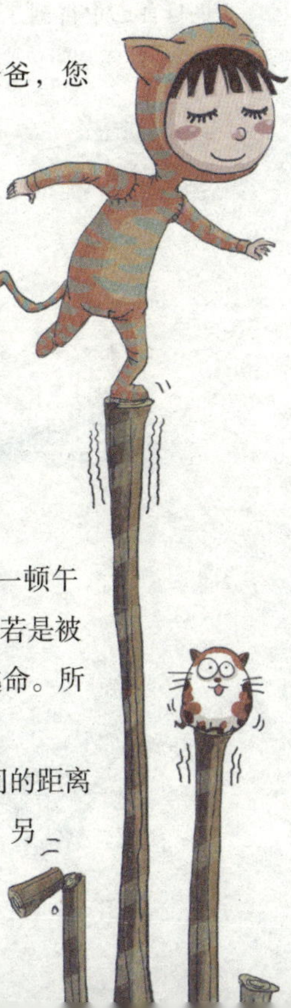

老狄克一眼望去，看到一只恶狼正全力追着一只仓皇而逃的兔子。小布莱克当下便问道：“爸爸，要不要救救那只兔子？我看它跑得好可怜。”

老狄克笑了笑，说：“不急，我出个题目：你猜恶狼能不能追上兔子呢？”

小布莱克想了想，回答道：“应该很快就追上了吧！”

老狄克正色道：“不对，恶狼追不上兔子。”

小布莱克诧异地问：“为什么？”

狄克慈祥地说：“那是因为恶狼所在乎的，不过只是一顿午餐，追不上兔子它可以转而再捕食其他的东西。但是兔子它若是被恶狼追上，自己的性命也就完了。当然兔子会用尽全力来逃命。所以我说，恶狼追不上兔子！你看吧——”

小布莱克转身一看，果然如父亲所说的，狼与兔子之间的距离愈来愈远。到最后，恶狼终于放弃继续追兔子，转过头去，另寻其他的食物。

小布莱克在佩服父亲的真知灼见之余，又想到一个问题：“爸爸，照这么说来，恶狼明知永远追不上兔子，那么一开始，它又为什么想要去追兔子呢？”

老狄克摸着小布莱克的头，说：“也不能说恶狼永远追不上兔子，只要狼群一起行动，兔子跑得再快，还是逃不出它们的围捕。也许那只恶狼在开始追兔子时，也希望能遇上伙伴的支援吧。”

## 人生感悟

古希腊的一座神庙上刻着的神谕告诫我们：“认识你自己！”当你不断攻克各个难关、创造奇迹时，你会发现你本身就是一个奇迹！在追求更好的雕琢过程中，我们才能一步一步变得更好。生命的追求、生命的意义就在这一步一步的超越自己中得到了升华！

喵！

# 第二章

# 得意时泰然，失意时淡然

人的一生，总会有得意的时候，也难免有失意的时候。今天春风得意 ，明天就可能马失前蹄。官场、职场、商场，乃至情场上，莫不如是。

得意不一定就能永远得好，失意也不一定就是完全失败。得意时，不可冲昏了头脑，应当冷静思考退路和余地。月盈则亏，过犹不及，一味高歌猛进往往会碰壁。失意时，不可寒了自己的心，当积极准备，重新出发。人生即便掉到了谷底也不必惶恐，应抬头看，往哪边走都是上坡路。失意不快口，得意不快心。

# 心态决定你的人生，不要试图和自己过不去

两个有着亚洲血统的孤儿，后来都被来自欧洲的外交官家庭所收养。两个人都上过世界各地有名的学校。但他们之间存在着不小的差别：其中一位是40岁出头的成功商人；而另一个是学校教师，收入低，并且一直觉得自己很失败。

有一天，他们在一起吃晚饭。晚餐在烛光映照中开始了，不久话题进入了在国外的生活。因为在座的几个人都有过周游列国的经历，所以他们开始谈论在异国他乡的趣闻轶事。随着话题的一步步展开，那位学校教师开始越来越多地讲述自己的不幸：她是一个如何可怜的亚细亚孤儿，又如何被欧洲来的父母领养到遥远的瑞士，她觉得自己是如何的孤独。

开始的时候，大家都表现出同情。随着她的怨气越来越重，那位商人变得越来越不耐烦，终于忍不住在她面前把手一挥，制止了她的叙述："够了！你说完了没有？！你一直在讲自己有多么不幸。你有没有想过如果你的养父母当初在成百上千个孤儿中挑了别人又会怎样？"

学校教师直视着商人说："你不知道，我不开心的根源在于……"然后接着描述她所遭遇的不公正待遇。

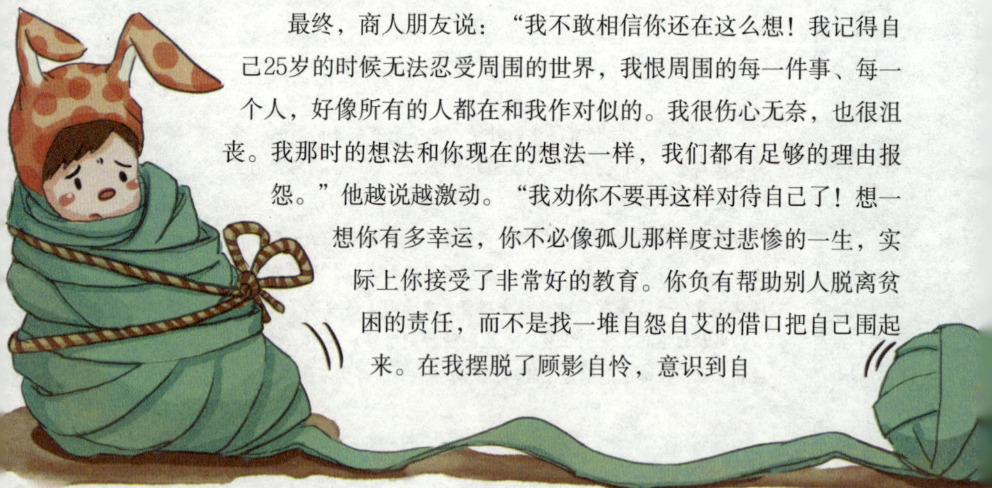

最终，商人朋友说："我不敢相信你还在这么想！我记得自己25岁的时候无法忍受周围的世界，我恨周围的每一件事、每一个人，好像所有的人都在和我作对似的。我很伤心无奈，也很沮丧。我那时的想法和你现在的想法一样，我们都有足够的理由报怨。"他越说越激动。"我劝你不要再这样对待自己了！想一想你有多幸运，你不必像孤儿那样度过悲惨的一生，实际上你接受了非常好的教育。你负有帮助别人脱离贫困的责任，而不是找一堆自怨自艾的借口把自己围起来。在我摆脱了顾影自怜，意识到自

己究竟有多幸运后，我才获得了现在的成功！”

那位教师深受震动。这是第一次有人否定她的想法，打断了她的凄苦回忆，而这一切回忆曾是多么容易引起他人的同情。

商人朋友很清楚地说明他二人在同样的环境下历经挣扎，而不同的是他通过清醒的自我选择，让自己看到了有利的方面，而不是不利的阴影，“凡墙都是门”，即使你面前的墙将你封堵得密不透风，你也依然可以把它视作你的一种出路。

人生感悟

人，就是一条河，河里的水流到哪里都还是水，这是无异议的。但是，河有窄、有宽、有平静、有清澈、有冰冷、有混浊等现象，而人也一样。

## 相信困难会过去，一切都会过去

一位失意的青年，在情感、事业上屡屡碰壁。一天，他在随手打开的杂志上，发现上面刊载着古洛布·帕达逊的一篇文章。那是这位伟大的新闻记者写下的一篇经典之作。

“从前有一个少年站在桥上，倚着栏杆凝视桥下的流水，只见圆木、木片等垃圾不断漂流过去，不久河面变干净了。几百年、几千年、几万年以来，河水都没有改变，不停地在桥下流过。有时流得快有时流得慢，从未停下脚步。”

那天，少年因为观看流水发现了一件事。那既不是用手摸得到的，也不是眼睛看得见的，而是“想法”。他突然领悟到：人生中的一切事物，有一天都会像河水一样从桥下流过去。少年十分喜欢“和桥下的流水一样”这句话。

后来，这个想法在他的人生中发挥了极大的效用。每逢遭遇困难或痛苦时，因为持有这样的想法所以都能一一克服。当失败已无法挽回，或某种东西再也拿不回来时，此刻已经长大成人的他就说“和桥下的流水一样”。他绝不会因失败而感到懊恼，也不会因此一蹶不振，因为他认为那些都和桥下的流水一样。

当我们为成功而喜悦时，或为失意而忧伤时，当我们志得意满时，或困苦潦倒时，当我们沉迷在爱河时，或因分手而痛不欲生时，不要忘记：一切都会过去。

人生感悟　告别曾经的伤痕和错误，着眼于前方的路吧。一切应向前看，向前找寻答案。

# 希望，造就积极心态

鲁迅曾经说过："希望是附着于存在的，有存在，便有希望，有希望，便是光明。"的确，人活着不能没有希望，否则会像失去控制的小船，随波浮沉。希望是热情之母，它孕育着荣誉，孕育着力量，孕育着生命，它使濒临死亡的人看到了生存，使屡遭挫折的人看到了成功，使身处绝境的人看到了力挽狂澜的可能。

英国史学家卡莱尔经过多年的艰辛耕耘，终于完成了《法国大革命史》的全部文稿，却在发表前意外地被佣人付之一炬。当初他每写完一章，便随手把原来的笔记、草稿撕得粉碎，这意味着他若想继续，一切就必须从零开始。他的确是绝望极了，但是向子孙后代讲述法国大革命史的希望渐渐驱散了绝望之云。他又重新搜集整理素材，开始了又一次呕心沥血的写作，第二次完成了《法国大革命史》。卡莱尔虽然厄运当头，却没有失去心中的希望。正是这希望，使他走出阴影，振作精神，重新以极大的热情投入到写作中去。

古今中外，许多曾经胸怀大志的人最终一事无成，其中一个重要的原因，就是在困难面前他们失去了希望。西班牙思想家松苏内吉曾说过："我唯一不能缺少的东西就是希望。"当拥有了希望，无论在怎样的黑暗之中也会看到光明，无论怎样的痛苦也会感到快乐。在漫漫的人生道路上，拥有希望就像是无边大海中的灯塔，指引着我们前进。

人生感悟　有希望，才有积极的心。

只要心中有一颗希望的种子，就一定会创造出幸福的奇迹。

# 生活如镜，给它以微笑，它必将报你以微笑

生活需要微笑。面对人生的风雨、情感的失意、事业的低谷，不妨淡淡一笑。

笑代表着乐观、达观；笑是一种胸怀；笑更是一种生活的境界；笑还是对生活的勇气和信心。

给生活以微笑，生活必将还你以微笑。

当我们冷落了快乐、幸福时，多读一读美国作家奥格·曼迪诺的《笑遍世界》，你会从中寻见幸福的踪影：

我要笑遍世界。

世上种种到头来都会成为过去。心力衰竭时，我安慰自己：这一切都会过去；当我因成功洋洋得意时，我提醒自己：这一切都会过去；穷困潦倒时，我告诉自己：这一切都会过去；腰缠万贯时，我也告诉自己：这一切都会过去。是的，昔日修筑金字塔的人早已作古，埋在冰冷的石头下面，而金字塔有朝一日，也会埋在沙子下面。如果世上种种终必成空，我又为何为今日的得失斤斤计较？

我要笑遍世界。

我要用笑声点缀今天，我要用歌声照亮黑夜。我不再苦苦寻觅快乐，我要在繁忙中忘记悲伤。

我要笑遍世界。

笑声中，一切都显露本色。我笑自己的失败，它们将化为梦的云彩；我笑自己的成功，它们终将恢复本来面目；我笑邪恶，它们远我而去；我笑善良，它们发扬光大。我要用我的笑容感染别人，虽然我的目的自私，因为皱起眉头会让顾客弃我而去。

我要笑遍世界。从今往后，我只因幸福而落泪，因悲伤而悔恨，挫折的泪水毫无价值，只有微笑可以换来财富，善言可以建起一座城堡。

我不再允许自己因为变得重要、聪明、体面、强大而忘记嘲笑自己和周围的一切。在这一点上，我要永远像小孩子一样，因为只有做回小孩子，我才能尊敬别人，我才不会自以为是。

我要笑遍世界。

只要我能笑，就永远不会贫穷。这也是天赋，我不再浪费它。只有在笑声和快乐中，我才能真正体会到成功的滋味，只有在笑声和快乐中，我才能享受劳动的果实，如果不是这样的话，我会失败，因为快乐是提味的美酒佳酿。要享受成功，必须先有快乐，而笑声便是那伴娘。

我要笑遍世界。

**人生感悟** 人生需要笑声。笑，是人生的智慧，是生活的艺术，是绽放在脸上的欢乐花朵，是从心底迸发的喜悦音符。

# 态度决定人生的高度

一天，有位哲学家带弟子们出行。途中，他问弟子们："有一种东西，跑得比光速还快，瞬间能穿越银河系，到达遥远的地方……这是什么？"弟子们争着回答："我知道、我知道，是思想！"

哲学家微笑着点点头："那么，有另外一种东西，跑得比乌龟慢，当春花怒放时，它还停留在冬天;当头发雪白时，它仍然是个小孩子的模样，那又是什么？"

弟子们不知如何回答。

"还有，不前进也不后退，没出生也不死亡，始终漂浮在一个定点。谁能告诉我，这又是什么？"

弟子们更加茫然，面面相觑。

"答案都是思想！它们是思想的三种表现，换个角度来看，也可比喻成三种人生。"

望着聚精会神的弟子们，哲学家解释说："第一种是积极奋斗的人生：当一个人不断力争上游，对明天永远充满希望和信心，这种人的心灵不受时空限制，他就好比一支射出的箭，总有一天会超越光速，驾驭万物之上。"

"第二种是懒惰的人生：他永远落在别人的屁股后面，捡拾他人丢弃的东西，这种人注定被遗忘。"

"第三种是醉生梦死的人生：当一个人放弃努力、苟且偷安时，他的命运是冰封的，没有任何机会来敲门，不快乐也无所谓痛苦。这是一个注定悲哀的人，像水母的空壳漂浮于海中，不存在于现实世界，也不在梦境里……"

弟子们大悟：播种怎样的人生态度，将收获怎样的生命高度和深度。

**人生感悟** 人的一生中，要紧处只有几步，如何使自己的生命更有意义，态度至关重要。

## 知足，人生才能富足

大哲人老子曾说过："祸莫大于不知足，咎莫大于欲得。"这句话在今天有着尤其特殊的意义。纵观今日一些落马之人，探其缘由，"祸咎"概莫能出其"不知足"和"欲得"之外。贪婪的欲望使得一个又一个春风得意的"能人"，从马上倏然坠地，沦为"阶下囚"，甚至走上"断头台"。

自老子以后，很多先哲都提倡"知足知止"的教条，这个教条也确实在紧紧地约束着中国人的行止。比如庄子就是一个清心寡欲的人，他曾告诫人们："知足者，不以利自累也。"王廷相则说："君子不辞乎福，而能知足也；不去乎利，而能知足也。故随遇而安，有天下而不与也，其道至矣乎！"吕坤也有一言曰："万物安于知足，死于无厌。"

由古至今，人类始终难以摆脱欲望，同时在欲望的追逐中不乏涌现出一些有明智之举的理性人物。

希腊哲学家克里安德，当年虽已80高龄，但依然仙风鹤骨，非常健壮，有人问他："谁是世上最富有的人？"

克里安德斩钉截铁地说："知足的人。"

这句话恰和老子的“知足者富”的说法如出一辙。

曾有人问当代美国最富有的石油大王史泰莱：“怎样才能致富？”

这位石油大王不假思索地回答：“节约。”

“谁比你更富有？”

“知足的人。”

“知足就是最大的财富吗？”

史泰莱引用了罗马哲学家塞涅卡的一句名言来回答说：“最大的财富，在于无欲。”

塞涅卡还有一句智慧的话：“如果你不能对现在的一切感到满足，那么纵使让你拥有全世界，你也不会幸福。”

最妙的是，罗马大政治家兼哲学家西塞罗也曾有类似的说法：“对于我们现有的一切感到满足，就是财富上的最大保证。”

知足者常乐，知足便不作非分之想；知足便不好高骛远；知足便安若止水、气静心平；知足便不贪婪、不奢求、不巧取豪夺。知足者温饱不虑便是幸事；知足者无病无灾便是福泽。因此古人说：“养心莫善于寡欲。”我们如果能够把握住自己的心，驾驭好自己的欲望，不贪得、不觊觎，做到寡欲无求，役物而不为物役，生活自然能够知足常乐、随遇而安了。

**人生感悟** 知足不是自满和自负，不是装饰，不是自谦，而是知荣辱，乐自然。真正知足，才会真正快乐。

## 心中有乐者，人生字典里没有“倒霉”二字

以智慧著称的犹太人说：“这个世界上卖豆子的人应该是最快乐的！因为他们永远不必担心豆子卖不出去。”假如他们的豆子卖不出去，可以拿回家磨成豆浆，然后拿出来卖给行人，如果豆浆卖不完，可以制成豆腐，如果豆腐卖不成，变硬了，就当作豆腐干来卖。如果豆腐干卖不出

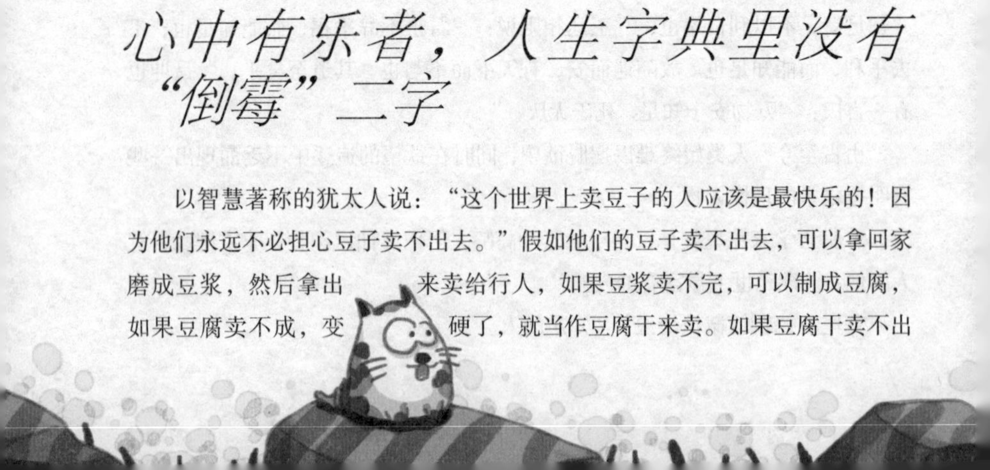

去的话，就把这些豆腐干腌制起来变成腐乳。

另外一种选择是：卖豆子的人把卖不出去的豆子拿回家，加上水，让豆子发芽，几天后就可以改卖豆芽了。豆芽如果卖不动，就让它长大些，变成豆苗。如果豆苗还是卖不动，就让它再长大些，移植到花盆，当作盆景来卖，如果盆景卖不出去的话，那么再把它移植到泥土里，让它生长，几个月后，它结出许多新豆子，一颗豆子变成上百颗豆子，想想是多划算的事！

原来，小小的豆子，也可以让人如此快乐。

生活中，我们经常看到许多人，成天乐呵呵的，自己十分羡慕，却又学不来。总觉得现实中烦人的事经常出现，哪能乐得起来呢？其实，诚如古语所说："仁者乐山，智者乐水。"欧阳修说："山水之乐，得之心而寓之酒也。"即是说，如果自己心中无乐，再好的山水也不会使你快乐。

永远保持乐观的精神状态，经常笑一笑，不仅可以"十年少"，而且对我们事业的成功也大有裨益。俄国伟大的诗人普希金，曾写诗劝慰他的一位对人生充满失望与忧伤的朋友，希望这位朋友从痛苦的阴影中走出来，重新焕发对生活的乐观情绪。诗的结尾这样说：

> 啜饮欢乐到最后一滴吧！潇洒地活着，不要忧心！
> 顺遂生命的瞬息过程吧！在年轻的时候，你该年轻！

这饱含深情的嘱语，很值得人们思忖。

## 人生感悟

罗曼·罗兰说："所谓内心的快乐，是一个人过着健全的、正常的、和谐的生活所感到的快乐。"对于一个乐观者而言，"倒霉"与他绝缘。

# 第三章

# 成功时看得起别人，失败时看得起自己

人难免有成功、失败之时，关键不在成功与失败本身，而在人们面对它们时的态度。成功的时候不要过高评估自己，失败的时候也不要过低评价自己，这样才能做到得意不忘形、失意不沮丧。

古今中外从事各种不同事业的成功人士都有一种共同点，那就是不管他们的事业是遭受挫折处于低谷，还是攀上了成功顶峰，他们始终都能够保持平常心态，得不喜、失不忧、成不骄、败不馁，保持不偏不倚、不懈不满的镇定和正常的心理状态。只有这样的心态，才能让我们在人生的每一步路上都走得踏踏实实，走得无怨无悔。

# 相信自己，别人才能相信你

现实中，许多人说：我相信我自己，我是最棒的！当我们在喊这些口号时，我们是否真的相信自己？我们会不会一出门或遇到一点困难，就忘掉刚才所喊的这句话呢？

自信是一种可贵的心理品质，它一方面需要培养，一方面也要依赖知识、体能、技能的储备。在培养自信时，要注意以下两点：一是注重暗示的作用。在做一件事情之前，心中默念“我能干好”或“我能行”之类的话，这样可使自己从心理上放松，久而久之便逐渐地培养了自信的品质。

二是从行为方式上给人以自信的印象。行为方式是人的思想品质的外在体现，如果行动上畏畏缩缩，或者不知所措，很难令人把你同自信联系起来。与人谈话时，要看着对方的眼睛；说话时要尽量清晰而有条理地表达，不让声音憋在嗓子里。如果对要表述的内容心中没底，就预演一番，这样心里就有把握了。

有一位顶尖的杂技高手，一次，他参加了一个极具挑战的演出，这次演出的主题是在两座山之间的悬崖上架一条钢丝，而他的表演节目是从钢丝的这边走到另一边。杂技高手走到悬在山上的钢丝的一头，然后注视着前方的目标，并伸开双臂，慢慢地挪动着步子，终于顺利地走了过去。这时，响起了热烈的掌声和欢呼声。

但没想到的是杂技高手又对所有的人说：“我再表演一次，这次我绑住

双手然后把眼睛蒙上，你们相信我可以走过去吗？”所有的人都说：“我们相信你！你是最棒的！你一定可以做到！”

杂技高手从身上拿出一块黑布蒙住了眼睛，用脚慢慢地摸索到钢丝，然后一步一步地往前走，所有的人都屏住呼吸，为他捏一把汗。终于，他走过去了！表演好像还没有结束，只见杂技高手从人群中找到一个孩子，然后对所有的人说：“这是我的儿子，我要把他放到我的肩膀上，我同样还是绑住双手、蒙住眼睛走到钢丝的另一边，你们相信我吗？”所有的人都说：“我们相信你！你是最棒的！你一定可以走过去的！”

“真的相信我吗？”杂技高手问道。

“相信你！真的相信你！”所有人都这样说。

“我再问一次，你们真的相信我吗？”

“相信！绝对相信你！你是最棒的！”所有的人都大声回答。

“那好，既然你们都相信我，那我把我的儿子放下来，换上你们的孩子，有愿意的吗？”杂技高手说。

这时，整座山上鸦雀无声，再也没有人敢说相信了。

**人生感悟**　知识、技能的储备是自信的基础，具备了足够的知识和实际能力，自信就会发自内心，不必强装。只有自己真的相信自己，才能让别人相信你。

## 将姿态放低，赢得他人的敬重

在美国第16任总统林肯的故居里，挂着他的两张画像，一张有胡子，一张没有胡子。画像旁边的墙上贴着一张纸，上面歪歪扭扭地写着：

亲爱的先生：

我是一个11岁的小女孩，非常希望您能当选美国总统，因此请您不要见怪我给您这样的一位伟人写这封信。

如果您有一个和我一样大的女儿，就请您代我向她问好。要是您不能给我回信，就请她给我写吧。我有4个哥哥，他们中有两人已决定投您的票。如果您能把胡子留起来，我就能让另外两个哥哥也选您。您的脸太瘦了，如果留起胡子就会更好看。所有女人都喜欢胡子，那时她们也会让她们的丈夫投您的票。这样，您一定会当选总统。

格雷西

1860年10月15日

收到小格雷西的信后，林肯立即回了一封信。

我亲爱的小妹妹：

收到你15日的来信，非常高兴。我很难过，因为我没有女儿。我有3个儿子，一个17岁，一个9岁，一个7岁。我的家庭就是由他们和他们的妈妈组成的。关于胡子，我从来没有留过，如果我从现在起留胡子，你认为人们会不会觉得有点可笑？

真诚地祝愿你

林肯

第二年2月，当选的林肯在前往白宫就职的途中，特地在小女孩所在的小城韦斯特菲尔德车站停了下来。他对欢迎的人群说：“这里有我的一个小朋友，我的胡子就是为她留的。如果她在这儿，我要和她谈谈。她叫格雷西。”这时，小格雷西跑到林肯面前，林肯把她抱了起来，亲吻她的面颊。小格雷西高兴地抚摸他又浓又密的胡子。林肯对她笑着说：“你看，我让它为你长出来了。”

**人生感悟** 伟人在高处还能够弯腰，这恰恰证明了他的伟大。在他人面前将自己的姿态放得越低，越能赢得他人的敬重。

## 为人处世要谦恭

苏东坡在湖州做了3年官，任满回京。想当年，因得罪王安石，落得被贬的结局，这次回来应投门拜见才是。于是，便往宰相府去。

此时，王安石正在午睡，书童便将苏轼迎入东书房等候。

苏轼闲坐无事，见砚下有一方素笺，原来是王安石两句未完诗稿，题是咏菊。苏东坡不由笑道：

“想当年我在京为官时，此老下笔数千言，不假思索。3年后，却是江郎才尽，起了两句头便续不下去了。”

他把这两句念了一遍，不由叫道：

“呀，原来连这两句诗都是不通的。”

诗是这样写的：

“西风昨夜过园林，吹落黄花满地金。”

在苏东坡看来，西风盛行于秋，而菊花在深秋盛开，最能耐久，随你焦干枯烂，却不会落瓣。一念及此，苏东坡按捺不住，依韵添了两句：

“秋花不比春花落，说与诗人仔细吟。”

待写下后，又想如此抢白宰相，只怕又会惹来麻烦，若把诗稿撕了，不成体统。左思右想，都觉不妥，便将诗稿放回原处，告辞回去了。

第二天，皇上降诏，贬苏轼为黄州团练副使。

苏东坡在黄州任职将近一年，转眼便已深秋，这几日忽然起了大风。风息之后，后园菊花棚下，满地铺金，枝上全无一朵。苏东坡一时目瞪口呆，半晌无语。此时方知黄州菊花果然落瓣！不由对友人道：

“小弟被贬，只以为宰相是公报私仇。谁知是我错了。切记啊，不可轻易讥笑人，正所谓经一失、长一智呀。”

苏东坡心中含愧，便想找个机会向王安石赔罪。想起临出京时，王安石曾托自己取三峡之中峡水用来冲阳羡茶，由于

心中一直不服气，早把取水一事抛在脑后。现在便想趁冬至节送贺表到京的机会，带着中峡水给宰相赔罪。

此时已近冬至，苏轼告了假，带着因病返乡的夫人经四川进发了。在夔州与夫人分手后，苏轼独自顺江而下，不想因连日鞍马劳顿，竟睡着了，及至醒来，已是下峡，再回船取中峡水又怕误了上京时辰，听当地老人道："三峡相连，并无阻隔。一般样水，难分好歹。"便装了一瓷坛下峡水，带着上京去了。

上京来，先到宰相府拜见宰相。

王安石命门官带苏轼到东书房。苏轼想到去年在此改诗，心下愧然。又见柱上所贴诗稿，更是羞惭，便跪下谢罪。

王安石原谅了苏轼以前没见过菊花落瓣。待苏轼献上瓷坛，书童取水煮了阳羡茶。

王安石问水从何来，苏东坡道："巫峡。"

王安石笑道："又来欺瞒我了，此明明是下峡之水，怎么冒充中峡？"

苏东坡大惊，急忙辩解道："误听当地人言，三峡相连，一般江水，但不知宰相何以能辨别？"

王安石语重心长地说道："读书人不可轻举妄动，定要细心察理。我若不是到过黄州，亲见菊花落瓣，怎敢在诗中乱道？三峡水性之说，出于《水经补注》，上峡水太急，下峡水太缓，唯中峡缓急相伴，如果用来冲阳羡茶，则上峡味浓，下峡味淡，中峡浓淡之间，今见茶色半晌方见，故知是下峡。"

苏东坡敬服。

王安石又把书橱尽数打开，对苏东坡言道："你只管从这二十四橱中取书一册，念上文一句，我若答不上下句，就算我是无学之辈。"

苏东坡专拣那些积灰较多，显然久不观看的书来考王安石，谁知王安石竟对答如流。

苏东坡不禁折服："老太师学问渊深，非我晚辈浅学可及！"

苏东坡乃一代文豪，诗词歌赋，都有佳作传世，只因恃才傲物，口出妄言，竟3次被王安石所屈，从此再也不敢轻易讥笑他人了。

**人生感悟** 我们不可能对万事万物都了如指掌，为人谦恭既是对他人的敬重，也是保护自己的良策。

# 胸怀雅量

生活中，你心中有善，你就能成为好人；你心中有恶，你就会成为恶人。从本质上讲，我们每个人的一生，都是由自己的心灵造就的。

有首打油诗写道：“占便宜处失便宜，吃得亏时天自知。但把此心存正直，不愁一世被人欺。”内心正直、胸怀雅量，才能包容万物，才能以美好善良之心看待万物。

有一次，苏东坡来到寺院找佛印大师与其参禅打坐。坐了很长时间，大师问他在他的对面看到了什么？苏东坡坐在那里并没有真正参禅打坐，他眯着眼睛，偷偷地看了佛印大师一眼，佛印大师长得黑黑的，又矮又胖，于是对着大师说：“在我的面前，我仿佛看到狗屎一堆……大师，你的面前看到了什么？”大师声色不变，沉稳地说道：“在我面前我仿佛看到如来本体。”

这下苏东坡乐坏了，心想：我可占到便宜了，我把佛印说成狗屎一堆，他却说我像如来本体。苏东坡高兴地回到家里，把事情的经过跟妹妹苏小妹说了一遍，苏小妹虽然年纪小，却是个胸怀大志的女性，看到哥哥得意的样子就大声地对他说：“哥哥，你还在那得意，这下你可输惨了，佛家讲的是心镜，你心里想到的是什么，你看到的就是什么，你说佛印是狗屎一堆，其实你就是狗屎一堆，他心里想到你是如来本体，其实他自己就是如来本体……”听到这儿，苏东坡恍然大悟，脸顿时热了起来。

## 人生感悟

如何培养雅量呢？

凡是小事，不要太过计较，要原谅别人的过失；不如意的事来临时，泰然处之，不为所累；受人讥讽，不要睚眦必报；学会吃亏，便宜让给别人；多看别人的优点，少盯着别人的缺点。

# 当别人看扁我们的时候，只有成绩才是最好的证明

阿兰·米穆是一位历经辛酸，从社会最底层拼搏出来的法国当代著名的长跑运动员，法国10000米长跑纪录创造者、第14届伦敦奥运会10000米赛亚军、第15届赫尔辛基奥运会5000米亚军、第16届墨尔本奥运会马拉松赛冠军，后来在法国国家体育学院执教。

米穆出生在一个相当贫穷的家庭。从孩提时代起，他就非常喜欢运动。可是，家里很穷，他甚至连饭都吃不饱。这对任何一个喜欢运动的人来讲都是很难堪的。例如，踢足球，米穆就是光着脚踢的，他没有鞋子。他母亲好不容易替他买了双帆布鞋，为的是让他去学校念书穿的。如果米穆的父亲看见他穿着这双鞋子踢足球，就会狠狠地揍他一顿，因为父亲不想让他把鞋子踢破。

12岁时，米穆已经有了小学毕业文凭，而且评语很好。他母亲对他说："你终于有文凭了，这太好了！"妈妈去为他申请助学金。但是，遭到了拒绝！

没有钱念书，于是米穆就当了咖啡馆里跑堂的。他每天要一直工作到深夜，但还是坚持长跑。为了能进行锻炼，他每天早上5点钟就得起来，累得他脚跟都发炎了。为了有碗饭吃，米穆没有多少工夫去训练。不过，他还是咬紧牙关报名参加了法国田径冠军赛。米穆仅仅进行了一个半月的训练。他

先是参加了10000米比赛，可是只得了第三名。第二天，他决定再参加5000米比赛。幸运的是，他得了第二名。就这样，米穆被选中并被带进了伦敦奥林匹克运动会。

对米穆来说，这简直是不可思议的事情！他在当时甚至还不知道什么是奥林匹克运动会，也从来想象不到奥运会是如此宏伟壮观。全世界好像都凝缩在那里了。在这个时刻，他知道自己代表法国。

但有些事情让米穆感到不快，那就是，他并没有被人认为是一名法国选手，没有一个人看得起他。比赛前几个小时，米穆想请人替自己按摩一下，于是他便很不好意思地去敲了敲法国队按摩医生的房门。

得到允许以后，他就进去了。按摩医生转身对他说："有什么事吗，我的小伙计？"

米穆说："先生，我要跑10000米，您是否可以帮助我？"

医生一边继续为一个躺在床上的运动员按摩，一边对他说："请原谅，我的小伙计，我是被派来为冠军们服务的。"

米穆知道，医生拒绝替自己按摩，无非就是因为自己不过是咖啡馆里的一名小跑堂罢了。

那天下午，米穆参加了对他来讲具有历史意义的10000米决赛。他当时仅仅希望能取得一个好名次，因为伦敦那天的天气异常干热，很像暴风雨的前夕。比赛开始了，同伴们一个又一个地落在他的后面。米穆成了第四名，随后是第三名。很快，他发现，只有捷克著名的长跑运动员扎托倍克一个人跑在他前面。米穆最后得了第二名。

米穆就是这样为法国也为自己赢得了第一枚奥运银牌的。然而，最使米穆感到难受的，是当时法国的体育报刊和新闻记者。他们在第二天早上便边打听边嚷嚷："那个跑了第二名的家伙是谁呀？啊，准是一个北非人。天气热，他就是因为天热而得到第二名的！"瞧瞧，多令人心酸！

米穆感到欣慰的是，在伦敦奥运会4年以后，他又被选中代表法国去赫尔辛基参加第十五届奥运会了。在那里，他打破了10000米法

国纪录，并在被称之为“20世纪5000米决赛”的比赛中，再一次为法国赢得了一枚银牌。

随后，在墨尔本奥运会上，米穆参加了马拉松比赛。他以1分40秒跑完了最后400米，终于成了奥运会冠军！

**人生感悟** 人生就像一张洁白的纸，全凭人生之笔去描绘，玩弄纸笔者，白纸上只能涂成一摊胡乱的墨迹；认真书写者，白纸上才会留下一篇优美的文章。

# 不断地自我挑战，终究会看到上帝的微笑

海伦刚出生的时候，是个正常的婴孩，能看、能听，也会咿呀学语。可是，一场疾病使她变成既盲又聋的小聋哑人，那时，小海伦刚刚1岁半。

这样的打击，对于小海伦来说无疑是巨大的。每当遇到稍不顺心的事，她便会乱敲乱打，野蛮地用双手抓食物塞入口里。若试图去纠正她，她就会在地上打滚，乱嚷乱叫，简直是个十恶不赦的“小暴君”。父母在绝望之余，只好将她送至波士顿的一所盲人学校，特别聘请沙莉文老师照顾她。

在老师的教导和关怀下，小海伦渐渐地变得坚强起来，在学习上十分努力。

一次，老师对她说：古希腊诗人荷马也是一个盲人，但他没有对自己丧失信心，而是以刻苦努力的精神战胜了厄运，成为世界上最伟大的诗人。如果你想实现自己的追求，就要在你的心中牢牢地记住“努力”这个可以改变你一生的词，因为只要你选对了方向，而且努力地去拼搏，那么在这个世界上就没有比脚更高的山。

老师的话，犹如黑夜中的明灯，照亮了小海伦的心，她牢牢地记住了老师的话。

从那以后，小海伦在所有的事情上都比别人多付出了10倍的努力。

她刚刚10岁的时候，名字就已传遍全美国，成为残疾人士的模范、一位真正的强者。

1893年5月8日，是海伦最开心的一天，这也是电话发明者贝尔博士值得纪念的一日。贝尔在这一日建立了著名的国际聋人教育基金会，而为会址奠基的正是13岁的小海伦。

若说小海伦没有自卑感，那是不正确的，也是不公正的。幸运的是，她自小就在心里树起了颠扑不灭的信心，完成了对自卑的超越。

小海伦成名后，并未因此而自满，她继续孜孜不倦地努力学习。1900年，这个年仅20岁，学习了指语法、凸字及发声，并通过这些方法获得超过常人知识的姑娘，进入了哈佛大学拉德克利夫学院学习。

她说出的第一句话是："我已经不是哑巴了！"她发觉自己的努力没有白费，兴奋异常，不断地重复说："我已经不是哑巴了！"

24岁的时候，作为世界上第一个受到大学教育的盲聋哑人，她以优异的成绩毕业于世界著名的哈佛大学。

海伦不仅学会了说话，还学会了用打字机著书和写稿。她虽然是位盲人，但读过的书却比视力正常的人还多。而且，她写了7册书，她比正常人更会鉴赏音乐。

海伦的触觉极为敏锐，只需用手指头轻轻地放在对方的嘴唇上，就能知道对方在说什么；她把手放在钢琴、小提琴的木质部分，就能"鉴赏"音乐；她能通过收音机和音箱的振动来辨明声音，还能够通过手指轻轻地碰触对方的喉咙来"听歌"。

如果你和海伦·凯勒握过手，5年后你们再见面握手时，她也能凭着握手认出你来，知道你是美丽的、强壮的、幽默的，或者是满腹牢骚的人。

这个克服了常人无法克服的残疾的人，其事迹在全世界引起了震惊和赞赏。她大学毕业那年，人们在圣路易博览会上设立了"海伦·凯勒日"。

她始终对生命充满了信心，充满了热爱。

第二次世界大战后，海伦·凯勒以一颗爱心在欧洲、亚洲、非洲各地巡回演讲，唤起了社会大众对身体残疾者的注意，被《大英百科全书》称颂为有史以来残疾人士最有成就的由弱而强者。

美国作家马克·吐温评价说："19世纪中，最值得一提的人物是拿破仑和海伦·凯勒。”身受盲聋哑三重痛苦，却能克服残疾并向全世界投射出光明的海伦·凯勒，以及她的老师沙莉文女士的成功事迹，说明了什么问题呢？答案是很简单的：如果你在人生的道路上，选择信心与热爱以及努力作为支点，再高的山峰也会被踩在脚下，你就会攀登上生命之巅。

### 人生感悟

每个人成长的道路都不可能是一帆风顺的，但为什么有的人在不平坦的人生道路上摘取了迷人的桂冠，而有的人却碌碌无为呢？成功者之所以取得了成功，就在于他们在人生的旅程中，选择了努力作为人生和生命的支点，直到登上了理想的高峰。

## 想获得他人的掌声，先要做个坚强的人

世界上的雄辩家，有很多都是在最初被认为是说话笨拙的人，狄里斯就是其中的一个。

狄里斯生于公元382年，在西欧被称为“历史性的雄辩家”。据说，他的声音很低，而呼吸很短促，口齿不清，旁人经常听不懂他在说些什么。不过，他的知识非常渊博，因此他的思想也相当深奥，他很擅长分析事理，几乎无人能出其右。

当时，在狄里斯的祖国的首都雅典，有很严重的政治纷争，因此，能言善辩的人格外受到重视，一向能先提出时代潮流和趋势的狄里斯，认为自己缺乏说话技巧是很不适宜的，于是他作了一番充分的考虑，并且准备好演讲的内容，从容走上了演讲台。但是，很不幸，他遭遇了失败。

原因就在于他发出的低音和肺活量不足，口齿不清，以至于别人无法听清楚他所说的话，但是，狄里斯并不灰心，他反而比过去更努力了，努力训练

自己的胆量和意志力。

他每天都跑到海边去，对着浪花拍打的岩石大声喊叫，回家以后，又对着镜子练习说话嘴型，进行发音练习，一直持续不辍。狄里斯就这样努力了好几年，直到他27岁时，终于再度走上台向众人演说。

辛苦的努力总算有了成果，他这次盛大的演讲，得到了许多喝彩与掌声，而狄里斯的名气，也就这样打响了。

**人生感悟**　人的天性就是敬仰强者，唾弃弱者。想得到他人的认可，自己先要变得强而有力。

# 苦难是所让人受益的学校

在法国里昂的一次宴会上，人们对一幅是表现古希腊神话还是历史的油画发生了争论。主人眼看争论越来越激烈，就转身找他的一个仆人来解释这幅画。使客人们大为惊讶的是，这仆人的说明是那样清晰明了，那样深具说服力。辩论马上就平息了下来。

“先生，您是从什么学校毕业的？”一位客人对这个仆人很尊敬地问。

“我在很多学校学习过，先生，”这年轻人回答，“但是，我学的时间最长、收益最大的学校是苦难。”

这个年轻人为苦难所付出的学费是很有益的。尽管他当时只是一个仆人，但不久以后他就以其超群的智慧震惊了整个欧洲。他就是法国哲学家和作家卢梭。

人生感悟 凡是天生刚毅的人必定有自强不息的精神。但凡在年轻时遭遇苦难而能做到坚忍不拔的人，在以后的人生道路上多半会变得豁达、从容。

# 怕苦，苦一世；不怕苦，苦一时

拿破仑出生于科西嘉一个穷困的没落贵族家庭。

在父亲的安排下，拿破仑9岁就到法兰西共和国布里埃纳军校接受教育。他的同学都很富有，他们大肆讽刺他的穷苦。拿破仑非常愤怒，却一筹莫展，屈服在威势之下。就这样，他忍受了5年。但是，每一种嘲笑，每一种欺侮，每一种轻视的态度，都使他暗下决心，发誓要做给他们看看，以此证明他确实是高于他们的。

他是如何做的呢？这当然不是一件容易的事，他一点也不空口自夸。他只是在心里暗暗计划，决定利用这些没有头脑却傲慢的人作为桥梁，使自己既富有又出名。

他经常避开同学们兴高采烈的游戏活动，躲进图书馆，如饥似渴地研究科西嘉的历史地理，他对伏尔泰、卢梭等人的书尤感兴趣。

在他16岁当少尉那年，他遭受了另外一个打击，那就是他父亲的去世。由于哥哥约瑟夫既无能又懒惰，家庭的重担就落在拿破仑身上。在那以后，他不得不从极少的薪金中，省出一部分来帮助母亲。当他接受第一次军事征召时，必须步行到遥远的发隆斯去加入部队。

等他到达部队时，看见他的同伴正在闲暇时间追求女人和赌博。而他那不受人欢迎的性格使他没有资格得到以前的那个职位，同时，他的贫困也使他失去了后来争取到的职位。于是，他改变策略，用埋头读书的方法去努力和他们竞争。读书是和呼吸一样自由的，因为他可以不花钱在图书馆里借书读，这使他得到了很大的收获。

他并不是读没有意义的书，也不是专以读书来消遣自己的烦闷，而是为自己将来的理想做准备。他下定决心要让全天下的人知道自己的才华。因此，在他选择图书时，也就往往有一个选择的范围。他住在一个既小又闷的房间内，在这里，他脸无血色，孤寂、沉闷，但他在不停地读书。

通过几年的学习，他所摘抄下来的记录，印刷出来的就有400多页。他想象自己是一个总司令，将科西嘉岛的地图画出来，地图上清楚地指出哪些地方应当布置防范，这是用数学的方法精确地计算出来的。因此，他数学的才能获得了提高，这是他第一次有机会表示他能做什么。

他的长官看见拿破仑的学问很好，便派他在操练场上执行一些任务，这是需要极复杂的计算能力的。他的工作做得极好，于是他获得了新的机会，开始走上晋升的道路。

这时，一切的情形都改变了。从前嘲笑他的人，现在都拥到他面前来，想分享一点他得到的奖金；从前轻视他的人，现在都希望成为他的朋友；从前揶揄他是一个矮小、无用、死用功的人，现在也都尊重他。他们都变成了他的拥戴者。

## 人生感悟

丘吉尔说："做人就要做坚强和刚猛的大雄狮！"人生是一个与困难作战的过程，你不打败困难，困难就会打败你。当困难降临在你头上，你是勇敢地迎接挑战呢，还是知难而退，落荒逃走？这是做人的一个大问题。

# 第四章

# 世界上没有失败，只有暂时的不成功

每个人成长的道路都不可能是一帆风顺的，但为什么有的人在不平坦的人生道路上摘取了迷人的桂冠，而有的人却碌碌无为呢？成功者之所以取得了成功，就在于他们在人生的旅程中，选择了努力作为人生和生命的支点，直到登上了理想的高峰。

# 要想使人生出现转机，就要做到出新出奇

毛姆是英国著名的作家，写下了《人性的枷锁》等著名长篇小说，他的短篇小说在世界上也非常具有影响力。

可谁知道，这位大作家在成名之前，生活却十分艰难，常常饿着肚子写作。

有一天，快到山穷水尽的毛姆来到一家报社的广告部，找到主任后，结结巴巴地说："先生，请帮我一把吧，我要推销我的小说。想来想去，只能求助于报社刊登广告了。还请您帮忙，在各大报纸上都刊登。"

"各大报纸？"广告部主任瞪大了眼睛，"毛姆先生，你有钱来登广告吗？"

"有，这个广告刊登后，我的书肯定会销售一空的，你肯先帮我垫付吗？到时加倍还您。"毛姆自信地说。

面对主任一脸的迷惘，毛姆递上了自己拟好的广告词。主任飞速地看完，立即一拍桌子："好，这主意棒极了，我帮你！"

第二天，各大报纸同时登出了一则令人注目的征婚启事："本人喜欢音乐和运动，是个年轻而有教养的百万富翁，希望能和毛姆小说中的主角完全一

样的女性结婚。”

女性读者们看到这则广告，马上飞奔到书店，抢购毛姆的小说，回到家后，更是闭门苦读，让自己向小说中的女性靠拢。

男性读者也不甘落后，他们也争相阅读，他们的目的是想研究女性心理，然后对症下药，以防范自己的女友投进富翁的怀抱。

短短几天时间，毛姆的小说就被抢购一空，毛姆一举成名。他的生活终于迎来了巨大的转机。

### 人生感悟

创新是一种智慧。一个人越有创新能力，他的观点和想法就越多，他的能力就越强，他成功的可能性就越大。要想使自己的人生出现转机，最好的办法就是做到出新出奇。

## 世界上没有失败，只有暂时的不成功

西娅在维伦公司担任高级主管，待遇优厚。很长一段时间，她都为到底去什么地方度假而烦恼。但是情况很快就变得糟糕起来。为了应对激烈的竞争，公司开始裁员，而西娅则是被裁掉的其中一员。那一年，她43岁。

“我在学校里一直表现不错，”她向朋友说道，“但没有哪一项特别突出。后来，我开始从事市场销售。30岁的时候，我加入了那家大公司，担任高级主管。”

“我以为一切都会很好，但在我43岁的时候，我失业了。那感觉就像有人给了我的鼻子一拳。”她接着说，“简直糟糕透了。” 西娅似乎又回到了那段灰暗的日子，语气也沉重了许多。

在那段灰暗的日子里，西娅不能接受自己失业的事实。躲在家里不敢出门，因为每当看到忙碌的人们，她都会觉得自己没用，脾气也越来越大，孩子们也越来越怕她。情况越来越糟糕。

但就在这时，转机出现了。一个月后，一个出版界的朋友询问她，如何向化妆业出售广告。这是她擅长的东西，她似乎重新找到了自己的方向：为很多的公司提供建议、出谋划策。

两年后，西娅已经拥有自己的咨询公司。她已经不再是一个打工者，而是一个老板，收入自然也比以前多很多。

“被裁员是一件糟糕的事情，但那绝对不是地狱。也许，对你自己来说，可能还是一个改变命运的机会，比如现在的我。其实，重要的是如何面对。我记得那句名言：世界上没有失败，只有暂时的不成功。”西娅总结道。

**人生感悟** 没有人能够永远成功，也没有人永远失败；世界上没有失败，只有暂时的不成功。所以，当我们遭遇挫折时，不要灰心和失望，要相信，失败只是暂时的，成功就在前面。

## 想要取得成功，就要善于发现和抢占机会

1951年夏天，凯蒙斯·威尔逊驾驶一辆大汽车，带着全家老小开往华盛顿特区旅游观光。一路上，美丽的风光使他心旷神怡，可住宿的遭遇却让他十分恼火：客房既小又脏，水暖设备差，洗澡不方便，很少见汽车旅馆有餐厅，即使有的话，所供应的食物也很差，收费也不低，一家人合住一间客房，每个孩子还要另收费。

“孩子睡在地板上还要加钱，太不应该了。”凯蒙斯对妻子抱怨道，“设施齐全、服务周到的汽车旅馆居然一家都没有！”

“都是这样的，在外就将就些吧。”妻子劝慰说。

那一刻，凯蒙斯的眼睛一亮：汽车旅馆普遍差，这不是蕴含着巨大的商机吗？如果我建造一些宾馆式的汽车旅馆，不就能赚大钱吗？

他兴奋地对妻子说：“我打算建造许多新型的汽车旅馆，和父母同住客房的儿童，也决不另外收取费用。我要做到人们一看到旅馆的招牌，就像到了自己的家。出外度假所宿旅馆必须舒适和方便，这正是现在汽车旅馆所缺少的。我想，我是极其平常的人，我喜欢的东西，别人也会喜欢。”

1952年8月1日，他的第一家假日酒店正式开张营业。

旅馆位于孟菲斯市萨默大街上，是汽车从东进入孟菲斯的主要通道，也是来往美国东西部的一条重要机动车道路。在路旁，一块18米高的黄绿两色“假日酒店”的大招牌特别引人注目。到了晚上，招牌上的霓虹灯闪闪发光，更是醒目。汽车无论行驶在高速公路上的哪个方向，都能远远地一眼就望到假日酒店的招牌。凯蒙斯花费1.3万美元做了这块招牌，这块招牌让无论是成人还是小孩子都会联想到这是一个有趣的地方。

走进酒店，你会发现服务设施特别周全：走廊上备有软饮料和制冰机，旅客可以免费取用；客房里的空调让人感到十分凉爽；游泳池里清波荡漾；走几步就是餐厅，可供全家用餐，餐桌上还有特地为儿童设计的菜单；你住进酒店，工作人员叫得出你的名字，这让你备感亲切，他们见了你就微笑——这是凯蒙斯要求他们这样做的。他说：“世界上的语言有几百种，但微笑是通用的语言。微笑不需要翻译。”旅客需要服务，马上会有人来，并且决不收取小费；天气好的话，旅客可以在晚饭后出外散步，享受郊外的宁静感觉……而享受这一切，价格绝对便宜：单人房才收4美元，双人房6美元。凯蒙斯规定，和父母一起住的孩子，一概不另外收费。

“高级膳宿，中档收费。”凯蒙斯说，“既不完全是汽车旅馆，也不完全是宾馆，但提供它们两者都有的服务。”

旅客纷纷前来，有的旅客走进酒店，房间已经住满，服务的先生或小姐会为其和附近的旅馆联系住宿——这又是凯蒙斯发明的服务。

一炮打响，凯蒙斯马上着手建造更多的假日酒店。他采取特许经营的办法，向社会出售特许经营权，从而迅速推动假日酒店在全美各地到处开花……

20世纪60年代初，人们对电脑还是很陌生的。可凯蒙斯却在想，如何应用这个新的技术来为酒店服务。他有一种预感，电脑会给酒店带来许多好处。他想，为旅客预订外地假日酒店客房唯一的办法就是打长途电话，长途电话费太贵了。能不能利用电脑，为各地的假日酒店相互之间建立“快车道”呢？他委托国际商用机器公司IBM设计安装一套电脑系统，它可以即时找出或预订在任何地方的任何一家假日酒店的可供投宿的客房，代价是800万美元。

后来，那套电脑系统设计出来了，并且取得了成功。当时其他的连锁旅馆都没有这种先进设备，假日酒店一下子拥有了巨大的优势。

**人生感悟** 机会不是等来的，机会是需要发现的，是需要抢占的。很多人之所以能够成功，就是因为他们有敏锐的眼光，能够发现别人没有发现的机会，并能抢占先机。

## 一个人若想成功，往往要经历很多惨痛的事

安德莱耶维奇手拿报纸，坐在沙发上打盹儿。突然，有人急促地敲窗，这使安德莱耶维奇有些不知所措，因为他住在8楼，而且他这套房间是没有阳台的。起初，他只当是自己的幻觉。但是，敲窗声再次传来。陡然，窗户自动打开，窗台上显现出一个男子的身影，这人穿着长长的白衬衫。

安德莱耶维奇惊恐地想：“是个梦游病患者吧，他要把我怎么样？”只见那男子从窗台跳到地板上，背后的两个翅膀摆动了一下。接着，他走到沙发前，挨着安德莱耶维奇坐下，说：“深夜来访，请您原谅。不过，这是我的工

作。有人说，我们天使逍遥自在，终日吃喝玩乐，其实那是胡言乱语。实际上，他对我任意欺压，刻薄着呢。”

安德莱耶维奇一下子没弄懂，问：“这个‘他’是谁呀？”天使压低声音回答：“我告诉你吧，是上帝！”“哦，明白了，明白了。那么，上帝或者您，找我有事儿吗？”天使说：“您要知道，我是奉他的命令来找您的。我负责分配上帝所赐的东西，也就是智慧。每个人都应该分配到智慧，或多或少罢了。可是昨天我查明，我一时疏忽，您遭到了不公正的对待，也就是说，我忘了分配智慧给您。”

安德莱耶维奇怒气冲冲，从沙发上一跃而起：“什么，什么！您怎么能够如此粗心大意！快把我应有的一份给我！别人的我管不着，可我的一份，劳驾，快给我吧。哼，难道我低人一等？”天使安慰他：“我正是为此而来。我完全承认自己的过错。我尽力弥补，为您效劳。我给您送来的，不仅是智慧，而且是大智慧！”天使从怀里取出一只小塑料袋，里面五颜六色，流光溢彩。

安德莱耶维奇接过小塑料袋，藏进床头柜的抽屉里，转身说：“谢谢您想起了我！要不然，我就会一点智慧也没有、傻头傻脑地混一辈子了！”“如今全安排好了！我真为您高兴！现在，您将享受到苦苦怀疑的幸福！”“什么，什么？怎样的怀疑？”

“苦苦的怀疑。”“这是为什么？非苦不可吗？”“那当然。此外，您还将狠狠地摔跤，飞速地升迁？”安德莱耶维奇没听清楚：“飞速地升迁？那好哇，还有什么？”“狠狠地摔跤！”安德莱耶维奇警觉起来，问：“唔，那么，还会怎么样？”“您还会由于暂时不被理解的孤立而感到一种崇高的自豪。”

“暂时不被理解？您不骗人？的确是暂时的吗？”“当然，暂时的！不过，这段时间可能比您的一生还长得多，但是您将经常具有一种创造的冲动！”安德莱耶维奇皱眉蹙额地说：“创造的冲动？还有什么？您全爽爽快快说出来吧，别折磨人了。”“哦，还多着呢。也许，甚至要为所抱的信念而牺牲生命，死而无憾！”“一定得……得死吗？”“要有充分的思想准备。这是获得人们敬仰的、万世流芳的伟大幸福。”

安德莱耶维奇沉默片刻，使劲地握握天使的手，说：“哦，好吧，谢谢您，感谢之至！”等天使飞出窗户，安德莱耶维奇就从抽屉里取出小塑料袋，准备丢进垃圾通道。

转念一想，他又下了楼，走进院子，找了个阴暗角落，把一塑料袋大智慧深深地埋入土中。

### 人生感悟

成功是每个人都梦寐以求的事，但一个人若想成功，往往要经历很多惨痛。这些惨痛的事包括“苦苦的怀疑”“大起大落”，甚至是“失去生命”。所以，如果你想成功，那么就要做好这些心理准备。

## 只有充分了解自己，才能握住成功的手

龟兔经过三次赛跑，似乎皆大欢喜。可兔子还总是有些别扭和烦恼，又得了寒热病，瘫在灌木丛中，一会儿浑身冒汗，一会儿又冷得发抖，痛苦不堪。

碰巧爬来一只热衷美容的乌龟。兔子对他说：“好心人……水……我头发晕，浑身无力……池塘就在附近，只有几步远！”

乌龟见状怎能拒绝这种请求？可时间一分钟一分钟地过去，兔子从早上等到了黄昏，始终没见乌龟的踪影，兔子生气地骂道：“这个笨蛋！龟孙子！你在什么地方磨蹭啊？就为等你一口水……”

“你骂谁呀？”草丛微微晃动。

“你总算回来啦！”兔子喜叹道。

“还没哪，兔子。我想买辆宝马汽车送给你，你自己开车去，车就在专卖店呢。可又一想，如果总开车，兔子将来不就退化了吗，还是不送了。别急，我这就去打水。”

其实乌龟就没将兔子的请求当回事，一直由织布鸟在为他重新装修着龟壳，做着长远的规划……

过了几天，重塑形象的乌龟给狮王递上呈文，要求委以重任。

狗问乌龟：“你想高攀什么职位？”

乌龟说：“想当跟车的仆人。”

“这哪儿成？”狗纳闷儿，“你怎能胜任这个职务？你爬一步才前进一寸，而跟车的仆人要有飞毛腿般的奔跑能力，你真是异想天开。看来，你从没侍候过富家豪门。”

乌龟道：“如今这世道，不看你是否有真才实学，只要有孝心，老天爷安排，就一定能让他们满意。”

结果呢？通过三亲六友拉“裙带”，乌龟果然当上了这个官差。这么一来，赞颂之辞漫天飞，都夸乌龟跑得快，是个了不起的奇才。

在这种评价下，乌龟更加自信，又产生了更宏伟的设想，于是找到了鹰王说：“请教我飞翔吧！只上一堂课我就能冲上云霄，穿过大气层，翻飞在太空。在那里，我看太阳、月亮，还有成千上万的星星。我还可神速地降落，逍遥自在地掠过一个又一个城市，在短短的几天中饱览所有风光！”

鹰王嘲笑乌龟的荒唐，奉劝他知命守分，耐心地用自己的方式生存。可乌龟却固执己见，坚持要鹰王把飞翔的本领教给他。

鹰王无奈，只好抓起乌龟直飞云端，并对乌龟说：“看你怎样飞翔！”说着鹰王把爪子一松，乌龟掉了下来，摔得粉身碎骨。

### 人生感悟

在社会生活中，只有充分了解自己，才能握住成功的手。决不能因为得到一些美誉就飘飘然起来，忘记了自己是谁、有多大能耐。盲目地作超出自身实际能力的决策，最后只会把自己搞得遍体鳞伤。

## 成功的第一秘诀

对自身的蔑视和残忍有不同的表现方式，自卑便是最常见的对自我的憎恨和与自己过不去，轻视自己，没有主见，用别人的判断标准扼杀自己的信心，这是许多悲剧的根源所在。因此，自卑是自信的天敌，是人生的陷阱。

科学家爱迪生说：“自信是成功的第一秘诀。”自信是独立个性的一个重要成分，是人们从事任何事业的最可靠的资本，自信能排除各种障碍，克服种种困难，使事业获得完美的成功。

多年前的一个傍晚，一位叫亨利的青年移民，站在河边发呆。那天是他30岁的生日，可他不知道自己是否还有活下去的必要。因为亨利从小在福利院长大，身材矮小，长相也不漂亮，讲话又带着浓厚的法国乡下口音，所以他一直很瞧不起自己，认为自己是一个既丑又笨的乡巴佬，连最普通的工作都不敢去应聘，没有工作，也没有家。

就在亨利徘徊于生死之间的时候，与他一起在福利院长大的好朋友约翰兴冲冲地跑过来对他说：“亨利，告诉你一个好消息！”

“好消息从来不属于我。”亨利一脸悲戚。

“不，我刚刚从收音机里听到一则消息，拿破仑曾经丢失了一个孙子。播音员描述的相貌特征，与你丝毫不差！”

“真的吗，我竟然是拿破仑的孙子？”亨利一下子精神大振。联想到爷爷曾经以矮小的身材指挥千军万马，用带着泥土芳香的法语发出威严的命令。他顿时感到自己矮小的身材同样充满力量，讲话时的法国口音也带着几分高贵和威严。

第二天一大早，亨利便满怀自信地来到一家大公司应聘。他竟然一应即被聘了。

20年后，已成为这家公司总裁的亨利，查证自己并非拿破仑的孙子，但这早已不重要了。

### 人生感悟

不是因为有些事情难以做到，我们才失去自信；而是因为我们失去了自信，有些事情才难以做到。所以，学会接纳自己，学会欣赏自己，将所有的自卑抛到九霄云外，是成功最重要的前提。

## 认准并发挥自己的特长，就有机会成功

有这样一个关于军人和拿破仑·希尔的故事。

多年以前，一个年轻的退伍军人来找成功学大师拿破仑·希尔。

这位军人想要找一份工作，但是他觉得很茫然也很沮丧：只希望能养活自己，并且找到一个栖身之处就够了。他黯然的眼神告诉希尔，哀莫大于心死。这个年轻人本来前途大有可为，却胸无大志。希尔非常清楚，是否能够赚取财富，都在他的一念之间。

于是希尔问他："你想不想成为千万富翁？赚大钱轻而易举，你为什么只求卑微地过日子？"

他回答："不要开玩笑了，我肚子饿，需要一份工作。"

希尔说，"我不是在开玩笑，我非常认真。你只要运用现有的资产，就能够赚到几百万元。"

"资产？什么意思？"他问，"我除了穿在身上的衣服，什么都没有。"

从谈话之中，希尔逐渐了解到，这个年轻人在从军之前，曾经担任富勒·布拉许的业务员，在军中他学得一手好厨艺。换句话说，除了健康的身体、积极的进取心，他所拥有的资产，还包括烹调的手艺及销售的技能。

当然，推销或烹饪无法使一个人晋身百万富翁，但是这个退役军人找到了自己的方向，许多机会就会呈现在眼前。

希尔和他谈了两个小时，看到他从深陷绝望的深渊中，变成积极的思考者。一个灵感鼓舞了他：“你为什么不运用销售的技巧，说服家庭主妇，邀请邻居来家里吃便饭，然后把烹调的器具卖给她们？”

希尔借给他足够的钱，买了一些像样的衣服及第一套烹调器具，然后放手让他去做。

第一个星期，他卖出铝制的烹调器具，赚了100美元。第二个星期他的收入加倍。然后他开始训练业务员，帮他销售同样式的成套烹调器具。

4年以后，他每年的收入都在100万美元以上，他还自行设厂生产。

**人生感悟**

很多人对自己没有信心，认为自己没有成功的机会。其实，我们每个人都有自己的一技之长，找到并发挥其能力，就有机会获得成功。

## 把精力集中到一个目标上，迟早会有所成就

拉马克于1744年8月1日生在法国的毕加底，他是兄弟姐妹11人中最小的一个，也最受父母宠爱。拉马克的父亲希望他长大后当个牧师，于是送他到神学院读书。

后来，由于德法战争爆发，拉马克当了兵，因病退伍后，他爱上了气象学，想自学当个气象学家，于是整天仰首望着多变的天空。

再后来，拉马克在银行里找到了工作，想当个金融家。

很快，拉马克又爱上了音乐，整天拉小提琴，想成为一个音乐家。

这时，他的一位哥哥劝他当医生，拉马克学医4年，可是对医学没有多大兴趣。

正在这时，24岁的拉马克在植物园散步时遇上了法国著名的思想家、哲

学家、文学家卢梭，卢梭很喜欢拉马克，常带他到自己的研究室去。在那里这位“南思北想”的青年深深地被科学迷住了。

从此，拉马克花了整整11年的时间，系统地研究了植物学，写出了名著《法国植物志》。拉马克35岁时，当上了法国植物标本馆的管理员，又花了15年研究植物学。拉马克50岁的时候开始研究动物学。此后，他为动物学花了35年时间。

也就是说，拉马克在24岁以前，虽然做过很多事，但一无所成。从24岁起，他集中精力，目标专一，用了26年时间研究植物学，用35年时间研究动物学，于是，拉马克成了一位著名的博物学家。

## 人生感悟

卡莱尔说：“即使是最弱的人，只要集中其精力于单一目标，也能有所成就；反之，最强的人，分心于太多的事务，可能一无所成。”一个人的精力是有限的，目标太多，往往什么事都做不好，所以，目标要专一才能有收获。

# 第五章

# 因为痛，所以叫青春

我们20出头的年纪，虽然已被社会认定为成年人，但剥去表面的成熟，我们并未做好由里到外变成成年人的准备。我们被社会上一股必须要成功的强迫感裹挟，哪怕是停下来喘口气都觉得不安，因而无法发现自己身上的无限可能。

这种来自对悬而未决的未来的不安，才是人生中最本质的问题。青春施加给人生的真正压力，并非是那些需要积累的证书和业绩，而是看不到未来的不安感。因为看不清，因为对未来一无所知，所以时时感到迷茫和恐惧。

# 给自我加重，是一个人不被打倒的唯一的方法

一艘货轮卸货后返航，在浩瀚的大海上，突然遭遇巨大风暴。

老船长果断下令：“打开所有的船舱，立刻往里面灌水。”

水手们担忧：“险上加险，不是自找死路吗？”

船长镇定地说：“大家见过根深干粗的树被暴风刮倒吗？被刮倒的往往是没有根基的小树。空船时，最容易发生危险，船在负重的时候，才是最安全的。”

水手们半信半疑地照着做了，虽然暴风巨浪依旧那么猛烈，但随着货仓里的水越来越满，货轮渐渐地平衡了。

再来看下面的这个故事。

一个黑人小孩在他父亲的葡萄酒厂看守橡木桶。每天早上，他用抹布将一个个木桶擦拭干净，然后一排排整齐地摆放好。令他生气的是，往往一夜之间，风就把他排列整齐的木桶吹得东倒西歪。

小男孩很委屈地哭了。父亲摸着男孩的头说：“孩子，别伤心，我们可以想办法去征服风。”

于是，小男孩擦干了眼泪坐在木桶边想啊想啊，想了半天终于想出了一个办法。他从井里挑来一桶一桶的清水，然后把它们倒进那些空空的橡木桶里，然后他就忐忑不安地回家睡觉了。

第二天，天刚蒙蒙亮，小男孩就匆匆爬了起来，他跑到放桶的地方一看，那些橡木桶一个个排列得整整齐齐，没有一个被风吹倒，也没有一个被风吹歪。

小男孩高兴地笑了，他对父亲说：“木桶要想不被风吹倒，就要加重木桶自己的重量。”男孩的父亲赞许地微笑了。

### 人生感悟

在这个世界上，有很多我们改变不了的东西，但是我们可以改变自己，改变我们自己心灵的重量，这样我们就可以稳稳地站住脚，不被风和其他东西吹倒和打倒。可以说，给自我加重，是一个人不被打倒的唯一的方法。

## 想做就立刻去做，不要有半点迟疑

孟列·史威济非常喜欢打猎和钓鱼，他最喜欢的生活是带着钓鱼竿和猎枪步行50里到森林里，过几天以后再回来，虽然筋疲力尽、满身污泥，但他快乐无比。这类嗜好唯一不便的是，他是个保险推销员，打猎钓鱼太花时间。

有一天，当他依依不舍地离开心爱的鲈鱼湖，准备打道回府时突发异想：在这荒山野地里会不会也有居民需要买保险？那他不就可以同时工作又有户外时间了吗？结果他发现果真有这种人，他们是阿拉斯加铁路公司的员工。他们散居在沿线五百里各段路轨的附近。他可不可以沿铁路向这些铁路工作人员、猎人和淘金者推销保险呢？

史威济就在想到这个主意的当天开始积极计划。他向一个旅行社打听清楚以后，就开始整理行装。他没有停下来让恐惧乘虚而入，他也不左思右想找借口，他只是搭上船直接前往阿拉斯加的“西湖”。

史威济沿着铁路走了好几趟，那里的人都叫他“步行的史威济”，他成为那些与世隔绝的家庭最欢迎的人。同时，他也代表了外面的世界。不但如此，他还学会理发，替当地人免费服务。他还无师自通地学会了烹饪。由于那些单身汉吃厌了罐头食品和腌肉之类，他的手艺当然使他变成最受欢迎的贵客。与此同时，他也正在做一件自然而然的事，正在做自己想做的事：徜徉于山野之间、打猎、钓鱼，并且像他所说的“过史威济的生活”。

在人寿保险事业里，对于一年卖出100万元以上的人设有光荣的特别头衔，叫做“百万圆桌”。史威济的故事中，最不平常而使人感到惊讶的是：在他把突发的一念付诸实行以后，在动身前往阿拉斯加的荒原以后，在沿线走过没人愿意前来的铁路以后，他一年之内就做成了百万元的生意，因而赢得“百万圆桌”上的一席之位。假使他在突发奇想时，对于做事的秘诀有半点迟疑，这一切都不可能发生。

### 人生感悟

很多事本来是可以做成的，但由于当时犹豫不决而错过了时机，或由于考虑太多而放弃了去做。下定决心后，就要立刻去做，这样会激发你的潜能，会使你最渴望的梦想得以实现。

## 不停地奋斗，才能成为生活的强者

很多年以前，有一个年轻人，因为家贫没有读多少书，他去了城里，想找一份工作。可是他发现城里没一个人看得起他，因为他没有文凭。

就在他决定要离开那座城市时，忽然想给当时很有名的银行家罗斯写一封信。他在信里抱怨了命运对他如何不公：“如果您能借一点钱给我，我会先去上学，然后再找一份好工作。”

信寄出去了，他便一直在旅馆里等，几天过去了，他用尽了身上的最后一分钱，并将行李打好了包。就在这时，房东说有他一封信，是银行家罗斯写来的。可是，罗斯并没有对他的遭遇表示同情，而是在信里给他讲了一个故事。

罗斯说，在浩瀚的海洋里生活着很多鱼，那些鱼都有鱼鳔，但是唯独鲨鱼没有鱼鳔。没有鱼鳔的鲨鱼照理来说是不可能活下去的，因为它行动极为不便，很容易沉入水底，在海洋里只要一停下来就有可能丧生。所以，为了生存，鲨鱼只能不停地运动，不停地为生存而奋斗。很多年后，鲨鱼拥有了强健的体魄，成了同类中最凶猛的鱼。最后，罗斯说，这个城市就是一个浩瀚的海洋，拥有文凭的人很多，但成为强者的人很少。你现在就是一条没有鱼鳔的鱼……

那天晚上，这个年轻人躺在床上久久不能入睡，一直在想着罗斯的信。突然，他改变了决定。第二天，他跟旅馆的老板说，只要能给一碗饭吃，他就可以留下来当服务生，连一分钱工资都不要。旅馆老板不相信世上有这么便宜的劳动力，很高兴地留下了他。

10年后，他拥有了令全美国羡慕的财富，并且娶了银行家罗斯的女儿，他就是石油大王哈特。

### 人生感悟

我们知道，在这个世界上，只有强者才能生存得更好。每个人总有自己不如意的地方，但这不能成为逃避的借口。只要放下姿态，不停地去奋斗，就一定能够成为生活的强者。

## 贫穷是一所学校，只有通过劳动才能毕业

汤姆的父亲去世了，当时他只有十岁，别的孩子还都在尽情玩耍的时候，汤姆却承担起了家庭的重担，他要和妈妈一起支撑家庭。他知道这不是一件简单的事，但他必须这样做，因为他是家里唯一的男子汉。

他从来不张口向母亲要任何东西，但是这一次，他需要一本字典，这样才能把那门课上好。但怎么向妈妈要这些钱呢？看到母亲整天省吃俭用为了这个家而操劳，汤姆心里实在不是滋味。

躺在床上他彻夜未眠，天快亮的时候才昏昏沉沉地睡去。第二天醒来的时候，大雪盖住了所有的路，寒风吹得每个人都不想去扫雪。

但汤姆可不这样想，他知道自己挣钱的机会到了。于是，他跑到邻居家，提出替他们清扫屋前的积雪，这个建议被邻居接受了。当他完成这项工作

后，他得到了自己应得的报酬。

看来还有其他的人也愿意让人替他们扫雪，就这样汤姆换了一家又一家，整整一天他都在为别人家扫雪，最后他赚的钱足够买一本字典了，而且还有剩余。

当他回到家的时候，发现自己家门口的雪早已经被扫干净了。母亲做好了热乎乎的饭，正在家里等他回家呢。母亲知道他干什么去了，她用鼓励的眼神看着自己的孩子，她相信汤姆是最懂事的孩子，他将来一定会取得很大的成就。

汤姆坐在自己的座位上，在所有的孩子中他是最开心的，因为他手里有一本用自己赚的钱买的字典。

长大后的汤姆成了一家大型公司的董事长。

再来看下面的这个故事。

亨利的父亲过世了，他还有一个两岁大的妹妹，母亲为了这个家整日操劳，但是赚的钱难以让这个家的每个人都能填饱肚子。看着母亲日渐憔悴的样子，亨利决定帮妈妈赚钱养家，因为他已经长大了，应该为这个家贡献一份自己的力量了。

一天，他帮助一位先生找到了他丢失的笔记本，那位先生为了答谢他，给了他一美元。

亨利用这一美元买了三把鞋刷和一盒鞋油，还自己动手做了个木头箱子。带着这些工具，他来到了街上，每当看见路人的皮鞋上全是灰尘，他就对那位先生说："先生，我想您的鞋需要擦油了，让我来为您效劳吧！"

他对所有的人都是那样有礼貌，语气是那么真诚，以至于每一个听他说话的人都愿意让这样一个懂礼貌的孩子为自己的鞋擦油。他们实在不愿意让一个可怜的孩子感到失望，他们知道这个孩子肯定是一个懂事的孩子，面对这么懂事的孩子，怎么忍心拒绝他呢！

就这样，第一天他就带回家五十美分，他用这些钱买了一些食品。他知道，从此以后每一个人都不需要再挨饿了，母亲也不用像以前那样操劳了，这是他能办到的。

当母亲看到他背着擦鞋箱，带回来这些食品的时候，她流下了高兴的泪水。"你真的长大了，亨利。我不能赚足够的钱让你们过得更好，但是我相信我们将来可以过得更好。”妈妈说。就这样，亨利白天工作，晚上去学校上课。他赚的钱不仅为自己交了学费，还足够维持母亲和小妹妹的生活了。他知道工作不分贵贱，只要是靠自己的劳动赚钱就是光荣的。

长大后的亨利成了一个远近闻名的百万富翁。

### 人生感悟

很多成功人士的家境原先都很贫穷，但正是由于贫穷，才迫使他们早早地学会了劳动——因为劳动可以改变贫穷。贫穷是一所学校，只有通过劳动才能得到金光灿灿的“毕业证书”。

## 勇敢地面对别人轻视嘲笑的目光，做生活中真正的强者

丹尼斯·罗杰斯上高中时，只有1.5米的身高，36公斤的体重，是一个地道的“矮子”。他的脊柱有些弯曲，整个上身看上去弯成一个问号的样子，那也是他面向自己将来人生的疑问：“我是谁？我将来能干什么？”他不知道。唯一确知的是，自己是一个矮子，他的身高连普通标准都达不到。

由于罗杰斯身材矮小，身单力薄，学校体育队的队员们老叫他“侏儒”。他们常拿他取笑。知道他打不过他们，便常来欺负他，故意绊倒他，抢他手里的书。罗杰斯经常生活在被恐吓的阴影之中。而且，学校里的每一个人都可能是潜在的恐吓者。体育课是他最难受的一门课，有竞赛的项目，哪一方也不愿要他，他常像皮球一样被踢来踢去。

一天，老师把罗杰斯叫到一边：“丹尼斯，我们决定替你转一个班，从现在

起，你到特殊教育班去上课吧！”

“特教班？可那是为残疾学生开的班呀！”

“我很抱歉，”他说，拍拍罗杰斯的肩膀，“但是我们是为你着想。”

放学了，罗杰斯回到家，“砰”的一声关上房门，在镜子前仔细端详自己：弯腰驼背，手臂细得可怜。他失望地倒在床上。“为什么？为什么我会长成这样？”罗杰斯站起身来，望着父亲在院子里干活的身影发呆。父亲虽然也是小个子，却曾在军队服役，身上肌肉发达，没人敢欺负他。罗杰斯暗自下了决心。

父亲帮助他自制了一个举重用的杠铃。每天晚上，他都到楼下的储藏室去练习举重。一次次地，罗杰斯逐渐能举起杠铃了。他又不时往上加重量，往往一次加上5磅，他必须要拼足全部力气才能举起来。对罗杰斯来说，这不仅仅是举杠铃，这是向自我挑战。

他要改变自己弱不禁风的形象。怎么办？他开始吃大量富含蛋白质的牛奶、鸡蛋等营养品，并在各种健美杂志中寻求帮助。6个月后，在罗杰斯17岁生日的这一天，他仍然只有1.52米高，体重40公斤。

罗杰斯做了一个实验：在杠铃上放上迄今为止能举起的重量，然后再加上额外的50磅。“不要去想你的个子，”他告诉自己，“举就是了，你能行。”他举了，居然举起来了！他知道为什么自己能举起这么重的东西了。过去，他总认为自己的个子小，越是这样，就越是限制了自己潜能的挖掘，更说不上发挥了。

从此，罗杰斯开始正规地学习举重，每天都去体育馆训练。他的肌肉增加了，力气增大了，微驼的脊背伸直了。有不少在这里锻炼的人爱掰手腕，他也加入进去。最初，当罗杰斯在他们面前坐下的时候，他们都以嘲笑的眼光看着他。罗杰斯不理会这些，他把他们一个一个地都打败了。但是，罗杰斯输给了一个叫鲍勃的人。

一天，罗杰斯在健美杂志上看见一则东海岸将举行掰手腕比赛的广告，欢迎各路精英参加。他告诉鲍勃，自己也想去参加比赛。

“想都别想，”鲍勃说，“那都是一些专业人士，他们一年到头都在训练。弄不好，你还会受伤的。”

罗杰斯不相信，他走进了东海岸掰手腕比赛的现场。罗杰斯遇到了同样轻视嘲笑的目光。然而，他打败了所有的对手。比赛结束的时候，罗杰斯成了冠军，一个真正的强者。

## 人生感悟

别人看不起我们没关系，重要的是我们自己要肯定自己，绝不能自暴自弃。只有充满信心，不断磨炼自己，让自身逐步完善壮大，才能击碎别人轻视嘲笑的目光，做生活中真正的强者。

# 勇敢地迎接挑战，才能无愧于人生

艾森豪威尔是美国第34任总统，他年轻时经常和家人一起玩纸牌游戏。

一天晚饭后，他像往常一样和家人打牌。这一次，他的运气特别不好，每次抓到的都是很差的牌。开始时他只是有些抱怨，后来，他实在是忍无可忍，便发起了少爷脾气。

一旁的母亲看不下去了，正色道："既然要打牌，你就必须用手中的牌打下去，不管牌是好是坏。好运气是不可能都让你碰上的！"

艾森豪威尔听不进去，依然愤愤不平。母亲于是又说："人生就和打牌一样，发牌的是上帝。不管你名下的牌是好是坏，你都必须拿着，你都必须面对。你能做的，就是让浮躁的心情平静下来，然后认真对待，把自己的牌打好，力争达到最好的效果。这样打牌，这样对待人生才有意义！"

艾森豪威尔此后一直牢记母亲的话，并激励自己积极进取。就这样，他一步一个脚印地向前迈进，成为中校、盟军统帅，最后登上了美国总统之位。

## 人生感悟

我们无法选择也无力改变自身的生存环境，但如何适应环境则全靠自己把握。面对挫折，心浮气躁、怨天尤人解决不了任何问题。我们只有端正态度，勇敢地迎接挑战，并尽力做好每一件事，才能无愧于人生。

# 第六章

# 保持积极的心态

积极的心态是一个人对人生、对世界的积极看法和态度。可以说，心态是我们真正的主人，心态决定了我们的命运。积极的心态可以使人学会处世的智慧和做人的道理，使你的人生之路越走越宽，生命的价值越来越大，从而成就事业，获得幸福；消极的心态则很有可能会使人生的航船驶入浅滩，从而失去发展的机会，一生与困苦和不幸相伴。

心态具有强大的力量，从里到外影响着一个人。有怎样的心态，就会产生怎样的行动。同一件事情，由具有不同心态的人去做，其结果必会不同。积极的心态就像阳光，是能量之源，是快乐之本。当我们的心灵充满阳光时，我们的生活也一定会变得充满欢笑、丰富多彩。无数成功人士所走过的成功之路均证实了这样一个真理：积极的心态是成功的关键。

# 改变了心态，生活也会随之改变

塞尔玛陪伴丈夫驻扎在沙漠的一个陆军基地里。丈夫奉命到沙漠里去演习，她一个人留在陆军的小铁皮房子里，天气热得受不了。她没有人可谈天——身边只有当地人，而他们不会说英语。她非常难过，于是就写信给父母，说要抛弃一切回家去。

她父亲的回信只有两行字，这两行字却永远留在她心中，完全改变了她的生活。这两行字是：

两个人从牢中的铁窗望出去，

一个看到泥土，一个却看到了星星。

塞尔玛一再读这封信，觉得非常惭愧。她决定要在沙漠中找到星星。

塞尔玛开始和当地人交朋友，他们的反应使她非常惊奇，她对他们的纺织、陶器表示兴趣，他们就把最喜欢但舍不得卖给观光客人的纺织品和陶器送给了她。

塞尔玛研究那些引人入迷的仙人掌和各种沙漠植物、物态，又学习有关土拨鼠的知识。她观看沙漠日落，还寻找海螺壳，这些海螺壳是几万年前，这沙漠还是海洋时留下来的……原来难以忍受的环境竟变成了令人兴奋、流连忘返的奇景。

是什么使塞尔玛的内心发生了这么大的转变呢？

沙漠没有改变，当地人也没有改变，但是塞尔玛的观念改变了，心态改变了。一念之差，使她把原先认为恶劣的情况，变为一生中最有意义的冒险。她为发现新世界而兴奋不已，并为此写了一本书，以《快乐的城堡》为书名出版了。

她从自己造的牢房里看出去，终于看到了星星。

### 人生感悟

很多时候，我们之所以感到生活枯燥乏味，是因为我们的心态是枯燥乏味的。如果想使生活变得有滋有味，就要改变心态，变消极心态为积极心态。只有这样，我们才能改变自己的生活。

## 保持积极的心态，积极地行动起来

美国联合保险公司董事长克里蒙·斯通是美国巨富之一、世界保险业巨子。

斯通生于1902年，父亲早逝，母亲把他抚养长大。斯通的母亲早在斯通十几岁的时候，就把辛辛苦苦积攒下的一点钱，投到底特律的一家小保险经纪社。这家保险经纪社替底特律的美国伤损保险公司，推销意外保险和健康保险。推销员仅一人，那就是斯通的母亲。每推出一笔保险，她就会收到一笔佣金——这是她唯一的收入。

斯通16岁时，念中学。那个夏天，母亲指导他去推销保险。他走到母亲指导给他的大楼前，犹豫不决。这时，他默默地念着自己信奉的座右铭："如果你做了，没有损失，还可能有大收获，那就下手去做。马上就做！"

于是，他勇敢地走入大楼，逐门进行推销。结果，只有两个人买了保险；但在了解自己和推销术方面，他收获不小。第二天，他卖出了4份保险；第三天，6份。假期时，他居然创造了一天卖出10份的好成绩，后来一天10份、20份。

那时他发觉，他的成功是因为自己有积极的心态并能积极行动起来。

20岁时，他在芝加哥开了一家保险经纪社——"联合登记保险公司"，全公司只有他一个人。开业头一天销出54份保险。后来，事业一天比一天兴旺。

有一天，居然创造了122份的纪录。

后来，他在各州招人，在各处扩展他的事业；各州有一名推销总管，领导推销员，他自己管理各地的总管，那时，斯通还不到30岁。

但那时候，整个美国笼罩在经济大恐慌之中，大家都没有钱买健康和意外保险，真正有钱的又宁愿把钱存下来以防万一。这时，斯通给自己加了几条应付困难的座右铭：“销售是否成功，决定于推销员，而不是顾客。如果你以坚定的、乐观的心态面对艰难，你反而能从中获得益处。”结果，他每天成交的份数，竟与以前鼎盛时期的相同。

1938年底，斯通成了一名富翁，而他所领导的保险公司，也成了美国保险业首屈一指的大企业。

**人生感悟**

翻阅成功人士的成功史，我们不难发现，他们之所以能够领先于别人而出人头地，是因为他们都能保持积极的心态并能积极行动起来。积极的心态加上积极的行动，是取得成功的秘诀。

## 无论发生了什么，都没有什么大不了的

如果一个人在46岁的时候，在一次很惨的意外事故中被烧得不成人形，4年后又在一次坠机事故后腰部以下全部瘫痪，会怎么办?

接下来，我们能想象他会变成百万富翁、受人爱戴的公共演说家、洋洋得意的新郎官及成功的企业家吗？我们能想象他会去泛舟、玩跳伞、在政坛角逐一席之地吗?

但这一切，米契尔全做到了，甚至有过之而无不及。在经历了两次可怕的意外事故后，他的脸因植皮而变成一块彩色板，手指没有了，双腿如此细小，无法行动，只能瘫痪在轮椅上。

那次意外事故，把他身上六成以上的皮肤都烧坏了，为此他动了16次手

术，手术后，他无法拿起叉子，无法拨电话，也无法一个人上厕所，但以前曾是海军陆战队员的米契尔从不认为他被打败了。他说："我完全可以掌控我自己的人生之船，那是我的浮沉，我可以选择把目前的状况看成倒退或是一个起点。"6个月之后，他又能开飞机了！

米契尔为自己在科罗拉多州买了一幢维多利亚式的房子，另外也买了房子、一架飞机及一家酒吧，后来他和两个朋友合资开了一家公司，专门生产以木材为燃料的炉子，这家公司后来变成佛蒙特州第二大私企公司。

意外事故发生后4年，米契尔所开的飞机在起飞时又摔回跑道，把他胸部的12条脊椎骨全压得粉碎，腰部以下永远瘫痪！

米契尔仍不屈不挠，日夜努力使自己能达到最高限度的独立自主，他被选为科罗拉多州孤峰顶镇的镇长，以保护小镇的美景及环境，使之不因矿产的开采而遭受破坏。米契尔后来也竞选国会议员，他用一句"不只是另一张小白脸"的口号，将自己难看的脸转化成一项有利的资产。

尽管刚开始面貌骇人、行动不便，米契尔却开始泛舟，他坠入爱河且完成终身大事，他拿到了公共行政硕士学位，并持续他的飞行活动、环保运动及公共演说。

米契尔屹立不倒的正面态度，使他得以在《今天看我秀》及《早安美国》节目中露脸，同时《前进杂志》《时代周刊》《纽约时报》及其他出版物也都有米契尔的人物特写。

米契尔说："我瘫痪之前可以做1万件事，现在我只能做9000件，我可以把注意力放在我无法再做的1000件事上，或是把目光放在我还能做的9000件事上。告诉大家，我的人生曾遭受过两次重大的挫折，而我不能把挫折拿来当成放弃努力的借口。或许你们可以用一个新的角度，来看待一些一直让你们裹足不前的经历。你可以退一步，想开一点，然后，你就有机会说：‘或许那也没什么大不了的！’”

## 人生感悟

这世上有幸运，就会有不幸。当不幸来临时，无论发生了什么事，都要保持一种积极向上的心态和顽强的拼搏精神。我们要告诉自己：“这没什么大不了的，我依然可以做以前想做的事，而且会把能做的事做得更好。”

# 当弱点受到挑战时，用强项去迎接挑战

多年前的那个周末舞会，女孩是秀发披肩、亭亭玉立的大学毕业生，她像一朵六月的新莲在沸腾的舞池中，翩翩起舞，飘逸而芬芳。

在目光的包围和无休无止地旋转后，她累了，坐在一隅休息。

这时，一个男孩走过来，向她微微鞠躬，伸出手：“我可以请你跳一曲吗？”他彬彬有礼，像一个古代的王子，让人不忍拒绝。

带着一丝疲倦，她站了起来。当两个人面对面地站在舞池中，静等音乐响起的片刻，她突然发现，那个男孩竟然比她似乎还矮一点。也许并不真的比她矮，但是女孩子觉得，如果哪个男孩与她等高，那就已经是很矮了。

“我比你还高哪！”女孩子悄悄地说，笑着，像小时与小伙伴比高矮时得胜后高兴的样子。其实是心无城府的，因为她从小就比身边所有的朋友长得高，已习惯了在与他们的比较中骄傲地笑。但眼前的男孩并不是自己的朋友，只是舞会上偶尔邂逅的舞伴。女孩立刻为自己的口无遮拦后悔了。她的脸唰地一下红了。

一切发生得太快了，男孩子有点猝不及防。稍稍愣了一下，脸上的笑还来不及褪去，新的一波笑意竟浮了上来。

他不愠不恼地说：“是吗？我要迎接挑战。”

后面四个字稍稍有点重。女孩无语，歉意地笑，躲过他的目光，却有点紧张地捕捉来自他的信息。只见他下意识地挺直了腰胸，轻描淡写地说：“把我所发表过的文章垫在我的脚底下，我就比你高了。”

原来，他也有他的骄傲。

舞会后不久，他们成了恋人。后来，因为阴差阳错，他们并没能走到一起。但是，女孩却从来没有忘记过他，没有忘记当年在舞会上的那一幕，尤其是那两句不卑不亢的话：“我要迎接挑战。把我所发表的文章垫在我的脚底下，我就比你高了。”

**人生感悟**　每个人都会有自己的弱点或缺陷，每个人也都有自己的强项，当弱点或缺陷受到挑战时，不要退缩，而要勇敢地去迎接它，用自己的强项击败挑战。

## 一切都会过去

古希腊有一位国王，拥有至高无上的权势、享用不尽的荣华富贵，但他并不快乐。他可以主宰自己的臣民，却难以操控自己的情绪，种种莫名其妙的焦虑和忧郁不时让他闷闷不乐、寝食难安。

于是，他召来了当时最负盛名的智者苏菲，要求他找出一句人间最有哲理的箴言，而且这句浓缩了人生智慧的话必须有一语惊心之效，能让人胜不骄、败不馁，得意而不忘形、失意而不伤神，始终保持一颗平常心。苏菲答应了国王，条件是国王将佩戴的那枚戒指交给他。

几天后，苏菲将戒指还给了国王，并再三劝告他：“不到万不得已，别轻易取出戒指上镶嵌的宝石，否则，它就不灵验了。”

没过多久，邻国大举入侵，国王率部拼死抵抗，但最终整个城邦沦陷于敌手，于是，国王四处亡命。

有一天，为逃避敌兵的搜捕，他藏身在河边的茅草丛中，当他掬水解渴，猛然看到自己的倒影时，不禁伤心欲绝——谁能相信如今这个蓬头垢面、衣衫褴褛的人，就是那个曾经气宇轩昂、威风凛凛的国王呢？

就在他双手掩面欲投河轻生之际，他想到了戒指。他急切地抠下了上面的宝石，只见宝石里侧镌刻着一句话——这也会过去！

顿时，国王的心头重新燃起希望的火花。从此，他忍辱负重、卧薪尝胆，重招旧部并东山再起，最终赶走了外敌，赢回了王国。

当他再一次返回王宫后，所做的第一件事便是将“这也会过去”这句五字箴言，镌刻在象征王位的宝座上。

后来，他被誉为最有智慧的国王而名垂青史。据说，临终之际，他特意留下遗嘱：死后，双手空空地露出灵柩之外，以此向世人昭示那句五字箴言。

### 人生感悟

普希金说，一切都是暂时的，转瞬即逝……因此，我们身处顺境时，要学会惜福与感恩；身处逆境时，要学会坚忍和等待，要相信逆境只是暂时的。告诉自己：“这也会过去，一切都会过去。”

## 即使在最绝望的时候，也要再努力一次

如果你参观过开罗博物馆，你会看到从图坦·卡蒙法老王墓挖出的宝藏，令人目不暇接。庞大建筑物的第二层楼放的大部分都是灿烂夺目的宝藏：黄金、珍贵的珠宝、饰品、大理石容器、战车、象牙与黄金棺木，巧夺天工的

工艺至今仍无人能及。

如果不是霍华德·卡特决定再多挖一天，这些不可思议的宝藏也许仍在地下不见天日。

1922年的冬天，卡特几乎放弃了寻找年轻法老王坟墓的希望，他的赞助者也即将取消赞助。卡特在自传中写道：

“这将是我们待在山谷中的最后一季，我们已经挖掘了整整6季了，春去秋来毫无所获。我们一鼓作气工作了好几个月却没有发现什么，只有挖掘者才能体会这种彻底的绝望感；我们几乎已经认定自己被打败了，正准备离开山谷到别的地方去碰碰运气。然而，要不是我们最后垂死的一锤努力，我们永远也不会发现这远超出我们梦想所及的宝藏。”

霍华德·卡特最后垂死的努力成了全世界的头条新闻，他发现了近代唯一的一座完整出土的法老王坟墓。

### 人生感悟

最浪费时间的一件事就是及早放弃。人们经常在做了90%的工作后，放弃了最后可以让他们成功的10%。这不但输掉了开始的投资，更丧失了经由最后的努力而发现宝藏的喜悦。即使在最绝望的时候，也要再努力一次。

## 在困境中，要相信一切都能应付过去

辛·吉尼普的父亲病重的时候已经60岁了，仗着他曾经是全州的拳击冠军，有着硬朗的身子，才一直挺了过来。

那天，吃罢晚饭，父亲把全家人召到病榻前。他一阵接一阵地咳嗽，脸色苍白。他艰难地扫了每个人一眼，缓缓地说：“那是在一次全州冠军对抗赛上，对手是个人高马大的黑人拳击手，而我个子矮小，一次次被对方击倒，牙齿也出血了。休息时，教练鼓励我说：‘辛，你不痛，你能挺到第十二局！’

我也说：‘不痛，我能应付过去！’我感到自己的身子像一块石头、像一块钢板，对手的拳头击打在我身上发出空洞的声音。跌倒了又爬起来，爬起来又被击倒了，但我终于熬到了第十二局。对手战栗了，我开始了反攻，我是用我的意志在击打，长拳、勾拳，又一记重拳，我的血同他的血混在一起。眼前有无数个影子在晃，我对准中间的那一个狠命地打去……他倒下了，而我终于挺过来了。哦，那是我唯一的一枚金牌。”

说话间，父亲又咳嗽起来，额头上的汗珠滚滚而下。他紧握着吉尼普的手，苦涩地一笑：“不要紧，才一点点痛，我能应付过去。”

第二天，父亲就因咳血去世了。那段日子，正碰上全美经济危机，吉尼普和妻子都先后失业了，经济拮据。父亲又患上了肺结核，因为没有钱，请不来大夫医治，只好一直拖到死。

父亲死后，家里的境况更加艰难。吉尼普和妻子天天跑出去找工作，晚上回来，总是面对面地摇头，但他们不气馁，互相鼓励说：“不要紧，我们会应付过去的。”

后来，吉尼普和妻子都找到了工作。当他们坐在餐桌旁静静地吃着晚餐的时候，他们总要想到父亲，想到父亲的那句话：“我能应付过去。”

**人生感悟**

当我们感到生活艰苦难耐的时候，要咬牙坚持，学会在困境中对自己说：“一切都会好起来的！我能应付过去！”那么，一切都会过去，一切都会好起来。

# 调整心态，走出困境

失意，是一面镜子，能照见人的污浊；失意，也是一副清醒剂，是一条鞭子，可以使你在抽打中清醒。

失意，会使你冷静地反思自责，正视自己的缺点和弱项，努力克服不足，以求一搏；失意，会使人细细品味人生，反复咀嚼人生甘苦，培养自身悟性，不断完善自己；失意，不是一束鲜花，而是一丛荆棘，鲜花虽令人怡情，但常使人失去警惕，荆棘虽叫人心悸，却使人头脑清醒。

美国从事个性分析的专家罗伯特·菲利浦有一次在办公室接待了一个因自己开办的企业倒闭、负债累累、离开妻女的流浪者。那人进门打招呼说："我来这儿，是想见见这本书的作者。"说着，他从口袋中拿出一本名为《自信心》的书，那是罗伯特许多年前写的。流浪者继续说："一定是命运之神在昨天下午把这本书放入我的口袋中的，因为我当时决定跳到密西根湖，了此残生。我已经看破一切，认为一切已经绝望，所有的人已经抛弃了我，但还好，我看到了这本书，使我产生新的看法，为我带来了勇气及希望，并支持我度过昨天晚上。我已下定决心，只要我能见到这本书的作者，他一定能协助我再度站起来。现在，我来了，我想知道你能替我这样的人做些什么。"

在他说话的时候，罗伯特从头到脚打量流浪者，发现他茫然的眼神、沮丧的皱纹、十来天未刮的胡须以及紧张的神态，这一切都显示，他已经无可救药了。但罗伯特不忍心对他这样说。因此，请他坐下，要他把他的故事完完整整地说出来。

听完流浪汉的故事，罗伯特想了想，说："虽然我没有办法帮助你，但如果你愿意的话，我可以介绍你去见本大楼的一个人，他可以帮助你赚回你所损失的钱，并且协助你东山再

起。”罗伯特刚说完，流浪汉立刻跳了起来，抓住他的手，说道：“看在上天的份上，请带我去见这个人。”

他会为了“上天的份上”而作此要求，显示他心中仍然存在着一丝希望。所以，罗伯特拉着他的手，引导他来到从事个性分析的心理试验室里，和他一起站在一块窗帘布前。罗伯特把窗帘布拉开，露出一面高大的镜子，罗伯特指着镜子里的流浪汉说：“就是这个人。在这世界上，只有一个人能够使你东山再起，除非你坐下来，彻底认识这个人——当作你从前并未认识他——否则，你只能跳密西根湖，因为在你对这个人作充分的认识之前，对于你自己或这个世界来说，你都将是一个没有任何价值的废物。”

他朝着镜子走了几步，用手摸摸他长满胡须的脸孔，对着镜子里的人从头到脚打量了几分钟，然后后退几步，低下头，开始哭泣起来。过了一会儿，罗伯特领他走到电梯间，送他离去。

几天后，罗伯特在街上碰到了这个人，他不再是一个流浪汉形象，他西装革履，步伐轻快有力，头抬得高高的，原来那种衰老、不安、紧张的姿态已经消失不见。他说，他感谢罗伯特先生，让他找回了自己，并很快找到了工作。

后来，那个人真的东山再起，成为芝加哥的富翁。

**人生感悟** 面对失意，不能丧志，要重新调整自己的心态和情绪，调整人生的坐标和航线，重新寻找和把握机会，找到自己的位置，发出自己的光芒。

# 你是第一，因为每个人都是独一无二的

基安勒很小的时候便随母亲从意大利来到了美国，在汽车城底特律度过了悲惨的童年，痛苦和自卑成为他的不良印痕。

他那碌碌无为的父亲告诉他：“认命吧，你将一事无成。”这个说法令他沮丧，他老是想着自己苦闷的前程。

有一天，母亲告诉他："世界上没有谁跟你一样，你是独一无二的。"

从此，他燃起了希望之火，他认定他是第一，没人比得上他。自信奠定了成功的基础。

他第一次去应聘时，这家公司的秘书要他的名片，他递上一张黑桃A。结果立刻得到面试的机会。经理问他："你是黑桃A？"

"是的。"他说。

"为什么是黑桃A？"

"因为A代表第一，而我刚好是第一。"

这样，他被录用了。

想知道后来的基安勒吗？他成功了，真的成了世界第一。他一年推销了1425辆车，创造了吉尼斯纪录。

基安勒每天临睡前都要重复几遍说："我是第一。"然后才入睡。这种鼓舞性的暗示坚定了他的信心和勇气，使他的个性得到了有力的强化。

**人生感悟**

自信是一种鼓舞性的暗示，它能坚定一个人的信心和勇气，并使其个性得到有力的强化。在这个世界上，我们每个人都是独一无二的，所以，我们应该始终告诉自己："我是第一。"

# 第七章

# 想改变命运，先改变自己

“穷则变，变则通，通则久”，语出《易经》，说的是事物处于穷尽局面则必须变革，变革后才会通达，通达就能长久。人最大的敌人是自己，自己的思维定势，有时甚至会导致很多发展机会的流失。其实，改变这种思维定势并不需要你做出多大的牺牲，只要从生活习惯和工作习惯的小事入手，一点点改变就可以了。我们正是在改变自己的过程中，学会了成长，懂得了成熟，实现了成功。

# 如果想改变命运，最重要的是要改变自己

在一次火灾事故中，消防员从废墟里救出了一对孪生兄弟——波恩和嘉琳，他们是此次火灾中幸存下来的两个人。

兄弟俩很快被送往当地的一家医院，虽然俩人死里逃生，但大火已把他俩烧得面目全非。“多么帅的两个小伙子！”医生为兄弟俩惋惜。

波恩整天对着医生唉声叹气：自己成了这个样子，以后还怎么出去见人，还怎么养活自己？波恩对生活失去了信心，他总是自暴自弃地说：“与其赖活还不如死了算了。”

嘉琳努力地劝波恩：“这次大火只有我们得救了，因此我们的生命显得尤为珍贵，我们的生活最有意义。”

兄弟俩出院后，波恩还是忍受不了别人的讥讽，偷偷地服了安眠药离开了人世。而嘉琳却艰难地生存了下来，无论遇到多大的冷嘲热讽，他都咬紧牙关挺了过来，嘉琳一次次地暗自提醒自己：“我生命的价值比谁都高贵。”

有一天，嘉琳还是像往常一样送一车棉絮去加州。天空下着雨，路很滑，嘉琳开车开得很慢。此时，嘉琳发现不远处的一座桥上站着一个年轻人。嘉琳紧急刹车，车滑进了路边的一条小沟。嘉琳还没有靠近年轻人，年轻人已经跳下了河。年轻人被他救起后，又连续跳了3次，直到嘉琳自己差点儿被大水吞没。

嘉琳救的这位年轻人竟是一位亿万富翁，富翁很感激嘉琳，便和嘉琳一起干起了事业，嘉琳从一个积蓄不足10万元的司机，最后成为一个拥有3.2亿元资产的运输公司的老板。

几年后医术发达了，嘉琳用挣来的钱修整好了自己的面容。

**人生感悟**

在相同的境遇下，不同的人会有不同的命运。一个人的命运不是由上天决定的，也不是由别人决定的，而是由自己决定的。一个人若想改变自己的命运，最重要的是要改变自己，改变心态，这样，命运也会随之改变。

# 改变命运，先要改变内心

兔子是世界上最温驯的动物，它只吃青草，谁也不伤害。可是，它却被很多动物伤害：狐狸、狼、老虎……这太不公平了！有一天，兔子向上帝诉苦，它不想再做兔子了，希望上帝改变一下它的命运。

上帝很仁慈，马上答应了兔子的要求："好吧，你想变成什么？"

兔子说："变成一只鸟，在天上自由地飞来飞去，那些狐狸、狼、虎，就再也抓不着我了。"

上帝把兔子变成了鸟。没过几天，鸟又来诉苦："仁慈的上帝呀，我再也不想做鸟了！我在天上飞，天上的老鹰能抓住我；我在树上筑巢，树上的毒蛇能咬死我。这样的日子实在是太难过了！"上帝问鸟："你想怎么样呢？"

鸟说："我想变成大海里的一条鱼，海里没有老鹰，没有毒蛇，我才能安心地过日子。"

上帝又把鸟变成了鱼。可是，鱼的处境似乎更糟，因为大海里到处都有"大鱼吃小鱼，小鱼吃虾米"的斗争。过了几天，鱼又要求上帝把它变成人。鱼说："人是万物之灵，他们住在坚固的钢筋水泥屋子里，使用着各种先进的武器装备，任什么凶猛的动物也不能伤害他们。相反，那些在山林里威风十足的狮虎，全被他们关在笼子里，供他们观赏取乐，那些蛇、鹰，都成了他们餐桌上的美味……"

上帝把鱼变成了人，心想，这下你该满意了吧！可是，过了不久，人照样来向上帝诉苦："太可怕了！到处都在流

血，到处都是尸体，到处都是废墟……我们再也没法活了！”原来人类发生了战争，数以万计的士兵在互相残杀，无数的平民流离失所，死于饥饿和寒冷。

上帝问人：“你想怎么样呢？”

人说：“我想到另一个世界去，你把我变成上帝吧！”

上帝没有答应人的这个要求，他说：“上帝只有一个，上帝多了也会打架。”

**人生感悟** 想改变自己的命运固然是件好事，但不可只追求表面形式上的改变，应该先改变自己的内心。只有改变了自己的内心，才能真正地改变自己的命运。

## 有什么样的看法，往往就会有什么样的命运

有两个乡下人，外出打工。一个去纽约，一个去华盛顿。可是在候车厅等车时，又都改变了主意，因为邻座的人议论说，纽约人精明，外地人问路都收费；华盛顿人质朴，见了吃不上饭的人，不仅给面包，还送旧衣服。

去纽约的人想，还是华盛顿好，挣不到钱也饿不死，幸亏没上车，不然真掉进了火坑。去华盛顿的人想，还是纽约好，给人带路都能挣钱，还有什么不能挣钱的？幸亏还没上车，不然真失去一次致富的机会。于是他们在退票处相遇了。原来要去纽约的改换成了去华盛顿的票，原来要去华盛顿的改换成了去纽约的票。去了华盛顿的人发现，华盛顿果然好。他初到华盛顿的一个月，什么都没干，竟然没有饿着，不仅银行大厅里的水可以白喝，而且商场里欢迎品尝的点心也可以白吃。去了纽约的人发现，纽约果然是一个可以发财的城市。干什么都可以赚钱，带路可以赚钱，看厕所可以赚钱，弄盆凉水让人洗脸也可以赚钱。只要想点办法，再花点力气，什么都可以赚钱。

凭着乡下人对泥土的感情和认识，第二天，他在建筑工地装了10包含有沙子和树叶的土，以“花盆土”的名义，向需要泥土而又爱花的纽约人兜售。

当天他在城郊间往返6次，净赚了50美元。一年后，凭“花盆土”他竟然在纽约拥有了一间不小的门面。

在常年的走街串巷中，他又有一个新的发现：一些商店楼面亮丽而招牌较黑。一打听才知道，原来是清洗公司只负责洗楼，不负责洗招牌。他立即抓住这一空当，买了人字梯、水桶和抹布，办起一个小型清洗公司，专门负责擦洗招牌。几年以后，他的公司已有一百多个员工，业务也发展到多个城市。

有一次，他坐火车去华盛顿考察清洗市场。在火车站，一个捡破烂的人把头伸进软卧车厢，向他要一只空啤酒瓶，就在递瓶时，俩人都愣住了，因为5年前，他们曾换过一次票。这个捡破烂的人就是当年改去华盛顿的那个人。

**人生感悟**　在每个人的一生中，都有很多次可以改变自己命运的机会，是往好的方面改变，还是往坏的方面改变，完全有赖于一个人对当时情形的认识。也就是说，有什么样的看法，往往就会有什么样的命运。

## 用正确的方式审视自己，一切都会改变的

几十年前，在纽约北郊曾住着一位姑娘叫沙姗，她自怨自艾，认定自己的理想永远实现不了。她的理想也就是每一位妙龄姑娘的理想：跟一位潇洒的白马王子结婚，白头偕老。沙姗整天梦想着，可周围的姑娘们都先后成家了，她成了大龄女青年，她认为自己的梦想永远不可能实现了。

一个雨天的下午，沙姗在家人的劝说下去找一位著名的心理学家。握手的时候，她那冰凉的手指、凄怨的眼神，如同坟墓中飘出的声音、苍白憔悴的面孔都在向心理学家暗示：我是无望的了，你会有什么办法呢？

心理学家沉思良久，然后说道：“沙姗，我想请你帮我一个忙，我真的很需要你的帮忙，可以吗？”

沙姗将信将疑地点了点头。

“是这样的。我家要在星期二开个晚会，但我妻子一个人忙不过来，你来帮我招呼客人。明天一早，你先去买一套新衣服，不过你不要自己挑，你只问店员，按她的主意买，然后去做个发型，同样按理发师的意见办，听好心人的意见是有益的。”

接着，心理学家说：“到我家来的客人很多，但互相认识的人不多，你要帮我主动去招呼客人，说是代表我欢迎他们，要注意帮助他们，特别是那些显得孤单的人。我需要你帮助我照料每一个客人，你明白了吗？”

沙姗一脸不安，心理学家又鼓励她说：“没关系，其实很简单。比如说，看谁没咖啡就端一杯，要是太闷热了，开开窗户什么的。”沙姗终于同意一试。

星期二这天，沙姗发式得体，衣衫合身，来到了晚会上。按着心理学家的要求，她尽心尽力，只想着帮助别人，她眼神活泼、笑容可掬，完全忘掉了自己的心事，成了晚会上最受欢迎的人。晚会结束后，有3个青年都提出了送她回家。

一个星期又一个星期，3个青年热烈地追求着沙姗，她最终答应了其中一位的求婚。看着幸福的新娘，人们都说心理学家创造了一个奇迹。

**人生感悟**

如果总是顾影自怜、孤芳自赏，其结果就是你走不进别人的心里，别人也走不进你的心里。只要用一种正确的方式审视自己，生活将变得轻松愉快，事业将变得一帆风顺，而且一切都会改变。

# 习惯都是自己养成的，我们有能力改变它

有一个时期，美国富豪保罗·盖蒂抽烟抽得很凶。

有一天，他度假开车经过法国，那天正好下着大雨，地面特别泥泞，开了好几个钟头的车后，他在一个小城里的旅馆过夜。吃过晚饭他回到自己的房间，很快便入睡了。

盖蒂凌晨两点钟醒来，想抽一支烟。打开灯，他自然地伸手去找他睡前放在桌上的那包烟，却发现是空的。他下了床，搜寻衣服口袋，结果毫无所获。

他又搜他的行李，希望在其中一个箱子里能发现他无意中留下的一包烟，结果他又失望了。他知道旅馆的酒吧和餐厅早就关门了，心想，这时候把不耐烦的门房叫过来，太不堪设想了。他唯一能得到香烟的办法是穿上衣服，走到火车站，但它至少在6条街之外。

情景看来并不乐观。外面仍下着雨，他的汽车停在离旅馆尚有一段距离的车房里，而且，别人提醒过他，车房午夜关门，第二天早上6点才开门，而且能够叫到计程车的机会也似乎是零。

显然，如果他真的要抽一支烟，只有在雨中走到车站。但是要抽烟的欲望不断地袭扰着他，并越来越浓厚。于是他脱下睡衣，开始穿上外衣。当他穿好衣服，伸手去拿雨衣，这时他突然停住了，开始大笑，笑他自己。他突然体会到，他的行动多么不合乎逻辑，甚至荒谬。

盖蒂站在那儿寻思，一个所谓的知识分子，一个所谓的商人，一个自认为有足够理智对别人下命令的人，竟要在三更半夜，离开舒适的旅馆，冒着大雨走过好几条街，仅仅是为了得到一支烟。

盖蒂生平第一次注意到这个问题，他已经养成了一个难以改掉的习惯，他愿意牺牲极大的舒适去满足这个习惯。这个习惯显然没有好处，他突然明确地注意到这一点。头脑很快清醒过来，片刻就作了决定。

他下定了决心后，把那个仍然放在桌上的烟盒揉成一团，丢进废纸篓里。

然后他脱下衣服，再度穿上睡衣回到床上，带着一种解脱，甚至是胜利

的感觉，他关上灯，闭上眼，听着打在门窗上的雨点声。几分钟之内，他进入一个深沉、满足的睡眠中。

自从那天晚上后，他再也没抽过一支烟，也没有抽烟的欲望。

**人生感悟** 一件事一旦形成习惯，它就会控制我们。但是我们每个人也有一股不小的缓冲能力。我们既然有能力养成习惯，当然也有能力去除我们认为不好的习惯。

## 要想变得富有，最好的方法是向富人学习

有一个贫穷的人，见一个富人生活得很舒适和惬意，他对富人说："我愿意在您家里为您工作3年，我不要一分钱，但是您要让我吃饱饭，给我地方住。"

富人觉得这真是少有的好事，立即答应了这个穷人的请求。3年后，穷人离开了富人的家，不知去向。

10年过去了，那个昔日的穷人已经变得非常富有了，而以前那个富人相比之下，就显得很寒酸。于是，富人向昔日的穷人请求：愿意出10万元买他富有的经验。

那个昔日的穷人听了，哈哈大笑："我是用从你那儿学到的经验赚得了大量的财富，而今你又用金钱来买我的经验！"

再来看下面这个故事。

特奥的父母不幸辞世，给他和哥哥卡尔留下了一个小小的杂货店。微薄的资金，简陋的设施，他们靠着出售一些罐头和汽水之类的食品，勉强度日。

兄弟俩不甘心这种穷苦的状况，一直寻找发财的机会。

有一天，卡尔问弟弟："为什么同样的商店，有的赚钱，有的只能像我们这样惨淡经营呢？"

特奥回答说："我觉得我们经营有问题，如果经营得好，小本生意也可

以赚钱的。”

“可是，如何才能经营得好呢？”于是，他们决定经常去其他商店看一看。

一天，他们来到一家“消费商店”，这家商店顾客盈门，生意红火，引起了兄弟俩的注意。他们走到商店外面，看到门外有一张醒目的告示，上面写着：“凡来本店购物的顾客，请保存发票，年底可以凭发票额的3%免费购物。”

他们把这份告示看了又看，终于明白这家商店生意兴隆的原因了。原来顾客就是想要那“3%”的免费商品。

他们回到自己的店里后，立即贴了一个醒目的告示：“本店从即日起，全部商品让利3%，本店保证所售商品为全市最低价，如顾客发现不是全市最低价，本店可以退回差价，并给予奖励。”

就是凭借这种借来的智慧，兄弟俩的商店迅速扩大，成为世界上最大的连锁商店之一。

人生感悟

智慧源自学习、观察和思考。变成富人的第一条途径是向富人学习，因为在富人的“言传身教”中，能学到富人致富的经验和智慧。

## 要想收获果实，就必须先播种

一个穷汉每天都在地里劳作。有一天，他突然想：“与其每天辛苦工作，不如向神灵祈祷，请他赐给我财富，供我今生享受。”

他深为自己的想法得意，于是把弟弟喊来，把家业委托给他，又吩咐他到田里耕作谋生，别让家人饿肚子。一一交代之后，他觉得自己没有后顾之忧了，就独自来到天神庙，为天神摆设大斋，供养香花，不分昼夜地膜拜，毕恭毕敬地祈祷：“神阿！请您赐给我现世的安稳和利益，让我财源滚滚吧！”

天神听见这个穷汉的愿望，内心暗自思忖：“这个懒惰的家伙，自己不工作，却想谋求巨大财富。倘若他在前世曾做布施，累积功德，那么，给他些利益也未尝不可。可是，查看他的前世行为，根本没有布施的功德，也没有半点因缘，现在却拼命向我求利。不管他怎样苦苦要求，也是没有用的。但是，若不给他些利益，他一定会怨恨我。不妨用些方便，让他死了这条心吧。”

于是，天神就化作他的弟弟，也来到天神庙，跟他一样祈祷求福。

哥哥看见了，不禁问他：“你来这儿干吗？我吩咐你去播种，你播下了吗？”

弟弟说：“我也跟你一样，来向天神求财求宝，天神一定会让我衣食无忧的。纵使我不努力播种，我想天神也会让麦子在田里自然生长，满足我的愿望。”

哥哥一听弟弟的祈愿，立即骂道：“你这个混账东西，不在田里播种，想等着收获，实在是异想天开。”

弟弟听见哥哥骂他，却故意问：“你说什么？再说一遍听听。”

“我就再说给你听，不播种，哪能得到果实呢！你不妨仔细想想看，你太傻了！”

这时天神才现出原形，对哥哥说：“诚如你自己所说，不播种就没有果实。”

**人生感悟**

一分耕耘，才能有一分收获。想要收获果实，就要先播种。我们只有脚踏实地地付出努力，才能改变命运，才能过上幸福美满的生活。

## 克服焦虑

某石油公司的一些运货员偷偷地扣下了给客户的油量而卖给了他人，老板却毫不知情。有一天，来自政府的一个稽查员来找老板，说他掌握了老板的员工贩卖不法石油的证据，要检举他们。但是，如果他们贿赂他，给他一点钱，他就会放他们一马。老板非常不高兴他的行为及态度。一方面老板觉得这是那些盗卖石油的员工的问题，与自己无关；但另一方面，法律又有规定“公司应该为员工的行为负责”。另外，万一案子上了法庭，就会有媒体来炒作，名声传出去会毁了公司的生意。老板焦虑极了，开始生病，三天三夜无法入睡，一直在想：我到底应该怎么做才好呢？给那个人钱呢，还是不理他，随便他怎么做？

老板决定不了，每天担心，于是，他问自己：如果不付钱的话，最坏的后果是什么呢？答案是：他的公司会垮，事业会被毁了，但是他不会被关起来。然后呢？他也许要找个工作，其实也不坏。有些公司可能乐意雇用他，因为他很懂石油。至此，很有意思的是，他的焦虑开始减轻，然后，他可以开始思想了，他也开始想解决的办法：除了上告或给他金钱之外，有没有其他的路？找律师呀，他可能有更好的点子。

第二天，老板就去见了律师。当天晚上他睡了个好觉。隔了几天，律师叫他去见地方检察官，并将整个情况告诉他。意外的事情发生了，当老板讲完后，那个检察官说：我知道这件事，那个自称政府稽查员的人是一个通缉犯。老板心中的大石落了下来。这次经历使他永难忘怀。此后，每当他开始焦虑担心的时候，他就用此经验来帮助自己跳出焦虑。

## 人生感悟

焦虑是一种没有明确原因的、令人不愉快的紧张状态。适度的焦虑可以提高人的警觉度，充分调动身心潜能。但如果焦虑过大，则会妨碍你去应付、处理面前的危机，甚至妨碍你的日常生活。

拳

# 第八章

# 活着是一场修行

生命不能重来。在今生今世，我们要努力而认真地活着，享受生活的苦与乐，永远把自己认为应该做的事放在首位，先付出后享乐，不欺骗生活，不放纵自己，仔细倾听自己内心的声音——就像朝圣者一样，努力、认真、虔诚地向前修行。

像朝圣者一样努力向前行走，每个人都有自己的香格里拉，在今生今世，努力而认真地活着，不欺骗生活，不放纵自己，仔细倾听自己内心的声音。困难、挫折、失败……发生在我们身上的每个人生课题，都是生命修行的必由之路。虔诚地奋斗，坚韧地拼搏，智慧地取舍，成功不是某个终点，而是一条修行之路。

# 只有去行动了，才会知道有什么样的结果

朗特丝已经沮丧到了不想起床的地步。她精力不济，自从胖了50磅以来，每天要睡16～18小时。就在这时，收音机里的一则广告引起了她的兴趣。由于朗特丝的治疗师说过她不可能好转，因此实在很难相信她会对健康俱乐部的广告感到兴趣。更令人惊讶的是，她竟然摇摇晃晃地跑到那里一探究竟。这是她的第一步。若不是这一步，也不会有以下的故事了。

俱乐部的推广人员及会员既友善又生气蓬勃，他们显然很喜欢目前从事的工作。朗特丝加入俱乐部后，就展开了运动课程。经过一段时间，她的感觉及精神大幅度地转变，于是她说服俱乐部给她一份推广的工作。

朗特丝向来对广播推销极为神往，有意朝这个方向发展。但她中意的电台没有职缺，也不愿给她面试机会。她没有放弃，只是死守在总经理办公室门前，直到他答应让她面试为止。看到她显露出来的信心、决心、毅力及冲劲，经理终于点头，答应雇用她。

接下来是她的人生转折点：她跌断了腿，几个月之内都得上石膏、拄拐杖，但她并没有停下来。12天后，她又回到电台，并雇了一名司机载她到各指定地点去。由于上下车对她实在很不方便，她开始利用电话进行推销和接订单，结果业绩竟大幅度地上升。

由于朗特丝一个人的业绩比其他四名推销员的总和还高，同事们开始向她讨教。朗特丝向来不吝与人分享资讯，因此便将自己的方法传授给其他推销员。

没多久，销售部经理辞职，大家便向上级请求，由朗特丝接任经理一职。朗特丝获新职后，兢兢业业，不仅每天召开销售会议，还保持自己的业

绩。虽然电台销售仅占市场的2%，但他们每个月的营业额仍由4万美元上升至10万美元，全年下来，共累积达27万美元！广播电台的狄斯耐频道总经理，听说这个电台听众最少，业绩却名列前茅，便邀请朗特丝到其他城市主持研讨会。不管她到哪里，成果都相当显著，因为一旦有了凝聚信心的动机，再配合顾客至上的销售技巧，生意自然蒸蒸日上。

由于研讨会的成果斐然，狄斯耐连锁电台因此聘请朗特丝担任整个连锁线的销售部副总。“全国广播协会”也邀请她到全国大会对2000名听众发表一场演讲。虽然朗特丝从未有过演讲的经验，但她对自己及所学的技巧，都具有无比的信念。她战战兢兢地准备演讲稿，想象自己说话的样子，在心里想着听众对她的演讲报以热烈回响的情景。每演练完一次，她就给自己来个起立鼓掌（极有力的意象营造法）。

那一天终于到来。她准备了一大堆演讲稿，一切准备就绪。但是当她踏上讲台，炫目的灯光却使她很难看清演讲稿。于是她走下讲台，依照心中的感想发表演说。听众如痴如醉，不断以掌声打断她，并起立向她致敬，景象与她心里所想象的完全一致。演讲完毕后，她立即受邀前往全国18个城市开办研讨会。

如今，朗特丝已是全国知名的演说家、作家，也是她自己的公司——朗特丝推销与激励公司的董事长。她比以往更快乐、更健康、更富裕，也更稳定。她的朋友增多了，心态平和安宁，家庭关系融洽，对未来更是充满了希望。

## 人生感悟

行动就像是火种，一旦点着了，就会燃烧起熊熊大火，一发而不可收。只要我们行动，就会有一扇门为我们开启；如果我们不迈开人生的那一步，那么，属于我们的那扇门就永远是关着的。

# 如果你认为自己的主意很好，就去试一试

迈克尔·戴尔总喜欢这样说："如果你认为自己的主意很好，就去试一试！"

迈克尔·戴尔进入得克萨斯大学的时候，像大多数大一学生那样，他需要自己想办法赚零用钱。那时候，大学里人人都谈论个人电脑，但由于售价太高，许多人买不起。一般人所想要的，是能满足他们的需要而又售价低廉的电脑，但市场上没有。

戴尔心想："经销商的经营成本并不高，为什么要让他们赚那么丰厚的利润？为什么不由制造商直接卖给用户呢？"戴尔知道，IBM公司规定经销商每月必须提取一定数额的个人电脑，而多数经销商都无法把货全部卖掉。如果存货积压太多，经销商损失会很大。于是，他按成本价购买经销商的存货，然后在宿舍里加装配件，改进性能。这些经过改良的电脑十分受欢迎。戴尔见市场的需求巨大，于是在当地刊登广告，以零售价的八五折推出经他改装过的电脑。不久，许多商业机构、医生诊所和律师事务所都成了他的顾客。

有一次戴尔放假回家时，他的父母担心他的学习成绩。"如果你想创业，等你获得学位之后再说吧。"戴尔答应了，可是一回到学校，他就觉得如果听父母的话，就是在放弃一个一生难遇的机会。"我认为我绝不能错过这个机会。"一个月后，他又开始销售电脑，每月赚5万多美元。

戴尔坦白地告诉父母："我决定退学，自己开办公司。"

"你的目标到底是什么？"父亲问道。

“和IBM公司竞争。”

他的父母觉得他太好高骛远了。但无论怎样劝说，戴尔始终坚持己见。终于，他们达成了协议：他可以在暑假时试办一家电脑公司，如果办得不成功，到9月他就回学校去读书。

戴尔回到学校后，拿出全部储蓄创办戴尔电脑公司。他以每月续约一次的方式租了一个只有一间房的办事处，雇用了第一位雇员，是一名28岁的经理，负责处理财务和行政工作。在广告方面，他在一只空盒子底上画了戴尔电脑公司第一个广告的草图。他的一位朋友按草图重绘后拿到报馆去刊登。戴尔仍然专门直销经他改装的IBM公司的个人电脑。第一个月营业额达到18万美元，第二个月26.5万美元，不到一年，他便每月售出个人电脑1000台。于是，戴尔毅然地走出了学校，开创自己的事业。

当迈克尔·戴尔的其他同学大学毕业的时候，他的公司每年的营业额已达7000万美元。

### 人生感悟

一个人要做一件事，常常缺乏的是迈出第一步的勇气。如果你鼓足勇气开始做了就会发现，做一件事最大的障碍，往往是来自自己的内心，更主要是缺乏行动的勇气。有勇气开了头，再往下做就会有顺理成章的事情发生。

## 每个年龄都是最好的

几岁是生命中最好的年龄呢?

电视节目中，主持人拿这个问题问了很多人。一个小女孩说：“两个月，因为你会被抱着走，你会得到很多的爱与照顾。”

另一个小孩回答：“3岁，因为不用去上学。你可以做几乎所有想做的事，也可以不停地玩耍。”

一个少年说：“18岁，因为你高中毕业了，你可以开车去任何想去的地方。”

一个女孩说："16岁，因为可以穿耳洞。"

一个男人回答说："25岁，因为你有较多的活力。"这个男人43岁。他说自己现在越来越没有体力走上坡路了。他15岁时，通常午夜才上床睡觉，但现在晚上9点一到便昏昏欲睡了。

一个3岁的小女孩说生命中最好的年龄是29岁。因为你可以躺在屋子里的任何地方，虚度所有的时间。有人问她："你妈妈多少岁？"她回答说："29岁。"

有人认为40岁是最好的年龄，因为这时是生活与精力的最高峰。

一个女士回答说45岁，因为你已经尽完了抚养子女的义务，可以享受含饴弄孙之乐了。

一个男人说65岁，因为可以开始享受退休生活。

最后一个接受访问的是一位老太太，她说："每个年龄都是最好的，享受你现在的年龄吧。"

只有你现在的年龄是最真实的，不要回避今天的真实与琐碎，走好脚下的路，唱出心底的歌，把头顶的阳光编织成五彩的云裳，遮挡凌空而至的风霜雨雪。每一天都向人们敞开，让花朵与微笑回归你疲惫的心灵，让欢乐成为今天的中心。如果有荆棘阻挡你匆匆的脚步，那也是今天最真实的生活。

迎接今天的最佳姿势就是站立，用你的手拂去昨天的狂热与沉寂，用你的手推开明天的迷雾与霞辉，用你的手握住今天的沉重与轻松。把迎风而舞的好心情留在今天，把若隐若现的阴影也留给今天。

享受你现在的年龄吧，让生命感知生活的无边快乐。

## 人生感悟

每个年龄都是最好的。但在现实生活中，我们常常认为自己所处的年龄是最糟的。史威福说："没有人活在现在，大家都活着为其他时间做准备。"要么是回忆过去的美好时光，要么为了将来苦思冥想、疲于奔命，独独忘了要把握现在，活在现在。

# 贵在持之以恒

开学第一天，苏格拉底对学生们说："今天咱们只学一件最简单也是最容易的事。每人把胳膊尽量往前甩，然后再尽量往后甩。"说着，苏格拉底示范了一遍。"从今天开始，每天做300下。大家能做到吗？"

学生们都笑了。这么简单的事，有什么做不到的？过了一个月，苏格拉底问学生们："每天甩手300下，哪些同学在坚持着？"有90%的同学骄傲地举起了手。又过了一个月，苏格拉底又问，这回，坚持下来的学生只剩下八成。

一年过后，苏格拉底再一次问大家："请告诉我，最简单的甩手运动，还有哪几位同学坚持了？"这时，整个教室里，只有一人举起了手。这个学生就是后来成为古希腊另一位大哲学家的柏拉图。

世间最容易的事常常也是最难做的事，最难的事也是最容易做的事。说它容易，是因为只要愿意做，人人都能做到；说它难，是因为真正能做到并持之以恒的，终究只是极少数人。

半途而废者经常会说"那已足够了""这不值""事情可能会变坏""这样做毫无意义"。而能够持之以恒者会说"做到最好""尽全力""再坚持一下"。

龟兔赛跑的故事也告诉我们，竞赛的胜利者之所以是笨拙的乌龟而不是灵巧的兔子，这与兔子在竞争中缺乏坚持不懈的精神是分不开的。

## 人生感悟

巨大的成功靠的不是力量而是韧性，竞争常常是持久力的竞争。有恒心者往往是笑在最后、笑得最好的胜利者。

# 很多时候，好运气也是靠自己的努力得来的

经济萧条时期，钱很难赚。一位有孝心的小男孩，实在看不下去父母起早贪黑地工作却仍然无法解决整个家庭的温饱，所以偷偷溜到大街上想找个工作。他的运气还算不错，真的有一家商铺想招一个小店员。小男孩就跑去试试。结果，跟他一样，共有7个小男孩都想在这里碰碰运气。

店主说："你们都非常棒，但遗憾的是我只能要你们其中的一个。我们不如来个小小的比赛，谁最终胜出了，谁就留下来。"

这样的方式不但公平，而且有趣，小家伙们当然都同意。

店主说："我在这里立一根细钢管，在距钢管两米的地方画一条线，你们都站在线外面，然后用小玻璃球投掷钢管，每人10次机会，谁掷准的次数多，谁就胜。"

结果天黑前谁也没有掷准一次，店主只好决定明天继续比赛。

第二天，只来了3个小男孩。店主说："恭喜你们，你们已经成功地淘汰了4个竞争对手。现在比赛将在你们3个人中间进行，规则不变，祝你们好运。"

前两个小男孩很快掷完了，其中一个还掷准了一次钢管。

轮到这位有孝心的小男孩了。他不慌不忙走到线跟前，瞅准立在两米外的钢管，将玻璃球一颗一颗地投掷出去。

他一共掷准了7下。

店主和另外两个小男孩十分惊诧：这种几乎完全靠运气的游戏，好运气为什么会一连在他头上降临7次？

店主说："恭喜你，小男孩，最后的胜者当然是你。可是你能告诉我，你胜出的诀窍是什么吗？"小男孩眨了眨眼睛说："这比赛是完全靠运气的。为了赢得这运气，昨天我一晚上没睡觉，我一直在练习投掷。"

**人生感悟**

一个人的好运气并不是上天赐予的，而是靠自己的努力赢来的。只要你肯付出，你就会有所收获；只要你比别人更努力，好运气自然也就会降临。

# 生活是最好的老师，它会教给我们所需的知识

2002年10月27日，卢拉当选巴西第四十任总统，这位工人出身的劳工党候选人，只读过五年小学。许多传记作家都想揭开卢拉的成功之谜，但卢拉从没安排过与此有关的采访。

后来，卢拉总统前往一个名叫卡巴的小镇视察，该镇的小学请他带领学生上一节早读课，由于邀请他的那个班有一位盲童，卢拉总统欣然同意。

卢拉总统领读的是一篇题为《我的第一任老师》的课文。读完后，盲童怯怯地问了这么一个问题："总统，您的第一任老师是谁？"卢拉总统沉思了片刻，讲了这么一个故事：像你们这么大的时候，我放学回家。在准备开门的时候，钥匙找不到了。返回学校去找，没有；去问同学，同学也都没见到。当时我父母不在家，要星期天才能回来。怎么办呢？我找来一枚别针，想钩开那把锁，可弄不开。于是我转到房子的后面，想从窗户爬进去，可窗户是从里面关死的，不砸坏玻璃就无法进去。就在我准备爬上房顶，从天窗里跳进去的时候，邻居博尔巴先生看到了我。

"你想干什么，小伙子？""我的钥匙丢了，我无法从门里进去。"我说。"你就不能想点办法吗？"他问。"我已经想尽了所有的办法。"我回答。"你没有想尽所有的办法，至少你没有请求我的帮助。"说着，他从口袋里掏出钥匙，把门打开了。

当时，我一下愣住了。原来，我妈妈在他家留了一把我家的钥匙。你如果问我，谁是我的第一任老师，我认为是博尔巴先生。

从此，卢拉总统的故事就传开了，也许不会再有人对一个只有小学文化的人当选总统感到惊奇了。

**人生感悟**

生活是我们最好的老师。即使一个人没有读过多少书，不懂得什么高深的文化知识，但只要用心去生活，遇到问题想尽办法去解决，并能及时总结经验和教训。那么，他一样可以成为一个见多识广的人。

#@?米!!
……
喵!!

# 第九章

# 说话有分寸，办事有尺度

说话与办事，是一个人在社会生活中两项最基本的活动。也是体现一个人能力最重要的两个方面。一个既不会“说话”，又不能“办事”的人，很难立足于社会。而一个既会“说话”，又能“办事”的人，在现代社会可以称得上是难得的人才，做事也容易成功；退一步，这种人即使是为别人工作，也是块“香馍馍”，到哪儿都受欢迎。

说话与办事，是一个人在复杂的社会环境中保全自己，在激烈的竞争中获得胜利的必备本领。当你真正掌握了说话的技巧，具备了办事的策略，你就拥有了成功人生的资本，就能在事业上取得成功，在人生中找到幸福！

# 同一语句或动作，可以作不同的解释

从前，有一个算命的道士，对占卜吉凶、推演因果很有一套。当地许多人有事的时候，都去他那里求签问卜，算上一卦。

有一次，三个书生进京赶考，路过此地，听说那道士算命非常灵验，便一同前去算命道士那里，虔诚地向道士说："我们三个此番进京赶考，烦道长算一算谁能考中。"

那道士眼都没睁，嘴里煞有介事地叨念了一会儿，向他们伸出一个手指，却只字未说。三个书生莫名其妙，一个书生着急地问道："我们三人谁能考中？"那道士还是一言不发，依旧伸出一个手指，算是回答。三个书生见道士迟迟不肯开口讲话，以为是天机不可泄露，只好心怀疑虑地走了。

三个书生走后，道士身边的小童好奇地问："师父，他们三人到底有几个得中？"

道士胸有成竹地说："中几个都说到了。"

道童说："你这一个指头是什么意思？是一个中？"

道士说："对。"

道童还是有些不解，又问："要是他们中间有两个人中了呢？"

道士答道："那就是有一个不中。"

道童说："他们三人要是都中了呢？"

道士说："那就是一齐中。"

道童又问："要是三人都没考中呢？"

道士说："这个指头就是一个也没中。"

小道童这才恍然大悟。

**人生感悟**

在某种特定的情形下，同一语句或动作常常可以表达不同的意思、不同的判断。因此，可以根据当时的某种需要作不同的解释。

# 用含蓄的语言，把意思委婉地表达出来

巴甫洛夫是俄国杰出的生理学家，他32岁才结婚。如同他杰出的研究成果一样，他的求婚也别具一格。

1880年的最后一天，巴甫洛夫还在他的生理实验室没回家，许多同学在他家等他。天下着雪，彼得堡市议会大厦的钟敲了11下。一个同学不耐烦地说："巴甫洛夫真是个怪人。他毕业了，又得过金牌，照理可以挂牌做医生，那样既赚钱、又省力。可他为什么要进生理实验室当实验员呢？他应该知道，人生在世，时日不多，应该享享福、寻找快活才是呀。"

巴甫洛夫的同学里面，有一个教育系的女学生叫赛拉非玛。她听了那个同学的话，站起来说："你不了解他。不错，人的生命是短促的，但正因为如此，巴甫洛夫才努力工作。他经常说，在世界上，我们只活一次，所以更应该珍惜光阴，过真实而又有价值的生活。"

夜深了，同学们渐渐散去，赛拉非玛干脆到实验室门口去等巴甫洛夫。

钟声响了12下，已经是1881年元旦了，巴甫洛夫才从实验室出来。他看

到赛拉非玛，很受感动，挽着她的手走在雪地上。突然，巴甫洛夫按着赛拉非玛的脉搏，高兴地说："你有一颗健康的心脏，所以脉搏跳得很快。"

赛拉非玛奇怪了："你这是什么意思？"

巴甫洛夫回答："要是心脏不好，就不能做科学家的妻子了。因为一个科学家把所有的时间和精力都放在科研工作上，收入又少，又没空兼顾家务。所以，做科学家的妻子一定要有健康的身体，才能够吃苦耐劳、不怕麻烦地独自料理琐碎的家务。"

赛拉非玛当即会意，说："你说得很好，我一定做个好妻子。"

就这样，他求婚成功了。在这一年，他们结婚了。

### 人生感悟

在日常生活中，有些话直接说出来会很尴尬，还可能会遭到对方的拒绝。在这种情形下，不妨用含蓄的语言，间接地把意思委婉地表达出来。这样不但会显得很幽默，而且往往容易达到目的。

## 倾听让你受欢迎

韦恩是罗宾见到的最受欢迎的人士之一，经常有人请他参加聚会、共进午餐、担任客座发言人、打高尔夫球或网球。

一天晚上，罗宾碰巧到一个朋友家参加一个小型社交活动。他发现韦恩和一个漂亮女士坐在一个角落里。出于好奇，罗宾远远地注意了一段时间。罗宾发现那位年轻女士一直在说，而韦恩好像一句话也没说。他只是有时笑一笑，点一点头，仅此而已。几小时后，他们起身，谢过男女主人，走了。

第二天，罗宾见到韦恩时忍不住问道：

"昨天晚上我在斯旺森家看见你和最迷人的女孩在一起。她好像完全被你吸引住了。你是怎么抓住她的注意力的？"

"很简单。"韦恩说，"斯旺森太太把乔安介绍给我，我只对她说：'你的皮肤晒得真漂亮，在冬季也这么漂亮，是怎么做的？你去了哪呢？阿卡

普尔科还是夏威夷？'

"'夏威夷。'她说，'夏威夷永远都风景如画。'

"'你能把一切都告诉我吗？'我说。'当然。'她回答。我们就找了个安静的角落，接下来的两个小时她一直在谈夏威夷。

"今天早晨乔安打电话给我，说她很喜欢我陪她。她说很想再见到我，因为我是最有意思的谈伴。但说实话，我整个晚上没说几句话。"

看出韦恩受欢迎的秘诀了吗？很简单，韦恩只是让乔安谈自己。他对每个人都这样——对他人说："请告诉我这一切。"这足以让一般人激动好几个小时。人们喜欢韦恩就因为他注意他们。

## 人生感悟

让他人谈自己，一心一意地倾听，要有耐心，要抱有一种开阔的心胸，还要表现出你的真诚，那么无论走到哪里，你都会大受欢迎。

# 如果不能直接说服，就换种方式委婉地说服

1939年10月11日，萨克斯向美国总统罗斯福面呈了爱因斯坦等科学家的一封长信，信上提醒罗斯福总统注意纳粹德国把核裂变理论用于军事目的的危险，建议美国抢在德国之前研究原子能武器。

开始，罗斯福总统看不懂那艰深生涩的科学论述的信件，反应十分冷淡，婉言推却了。后来，萨克斯利用第二天总统请他共进早餐的机会，给罗斯福讲了一个拿破仑的故事。

英法战争期间，在欧洲大陆不可一世的拿破仑，在海上却屡战屡败。这时，一位年轻的美国发明家富尔顿向拿破仑建议将法国的战船砍掉桅杆，撤去风帆，装上蒸汽机，把木板换成钢板。可是拿破仑却想，船没有风帆能走吗？木板换成钢板，船能不沉没？拿破仑眉头一皱，把富尔顿轰了出去。历史学家在评论这一历史时认为，如果拿破仑稍动一下脑筋，郑重考虑一下富尔顿的建议，19世纪的历史就得重写。

罗斯福听后沉默了几分钟，然后取出拿破仑时候的法国白兰地，斟满了杯子，递给萨克斯说："你胜利了。"

**人生感悟** 在日常生活和工作中，说服别人是我们经常要做的事。说服别人时，如果不能直接说服，不妨换种方式委婉地说服。例如，可以讲相关的故事，可以借助第三者的力量，可以用激将法，等等。

# 同一意思换种说法，就会有不同的结果

1840年2月，英国维多利亚女王和撒克斯·科巴格·戈萨公爵的儿子阿尔巴特结婚。

他俩同年出生，又是表亲。虽然阿尔巴特对政治不感兴趣，但在女王潜移默化的影响下，阿尔巴特也渐渐地关心起国事来，终于成了女王的得力助手。

有一天，俩人为一件小事吵嘴，阿尔巴特一气之下跑进卧室，紧闭房门。

女王处理完公务，很是疲惫，急于进房休息，怎奈阿尔巴特余怒未消，故意漫不经心地问："谁？"

"英国女王。"

屋里寂静无声，房门紧闭如故。维多利亚女王耐着性子又敲了敲门。

"谁？"

"维多利亚！"女王威严地说。

房门仍旧未开。维多利亚徘徊半晌，再敲门。

"谁？"阿尔巴特又问。

"我是您的妻子，阿尔巴特。"女王温柔地答道。

门立刻开了，丈夫双手把她拉了进去。这次，女王不仅敲开了门，也敲开了丈夫的心扉。

**人生感悟**

语言是门奇妙的艺术，表达同样一个意思，但换种说法就会有不同的结果，原因在于有些词虽有相同的意思，但所表达的感情色彩不一样。所以，在运用语言时，要尽量选择最能表达感情色彩的词来表达意愿。

## 先就事论事，再进一步引申出主题

著名经济学家大卫·李嘉图9岁时，有一次，父母带他去商店。他在一家商场的橱窗里看到一双带皮毛的皮鞋非常漂亮，非常喜欢，于是吵着要父母买下。母亲同意了，但是父亲一直不同意，他认为那双鞋不适合孩子穿。

李嘉图哭闹着执意要买，最后父亲同意了，但要他承诺，买了必须穿。

买了以后，李嘉图发现是一双木鞋，走起路来嗒嗒响，非常不舒服，确实不适合长时间穿。为了满足自己的虚荣心，却受了很多罪。到了这时候，他才知道父亲不让买的原因。

那时候，为了摆脱这双鞋子，李嘉图愿意付出一切代价。

善良的父亲再也没有逼李嘉图穿这双鞋，但李嘉图没有原谅自己。他把那双鞋挂在自己房间容易看到的地方，让它时时提醒自己再也不要任性，不要贪图虚荣。

再来看下面的这个故事。

一个犹太父亲带儿子去澡堂洗澡。当儿子艾什卡站在淋浴头下打开阀门时，冷水一冲而下，艾什卡不由得大叫："哎呀，爸爸，太冷了！"

父亲赶紧把艾什卡拖过来，帮他披上厚厚的毛巾被。

"啊，太舒服了，爸爸！"艾什卡愉快地叫着，身子蜷缩在毛巾被里。

"艾什卡，"父亲做出深思的样子对儿子说道，"你知道冷水浴和犯罪之间的距离吗？"

"受到冷水冲击的时候，你发出的第一个声音是惊叫声'哎呀'，暖和后才是舒服的'啊'。但当你犯罪的时候，你的第一个反应是兴奋的'啊'，然后一定是'哎呀'了。"

父亲并没有直接告诉孩子不要犯罪，而是用冷水浴比喻犯罪，告诉孩子一开始犯罪时，其感觉是兴奋的"啊"，然后会是后悔而吃惊的"哎呀"，从而启发孩子不要犯罪。

### 人生感悟

寓教于乐是教育孩子的一种好方法，当孩子遇到类似的事件时，先就事论事，然后再进一步引申出主题，这既形象又直观，很容易在孩子的心灵中留下深刻印象。

## 善意的谎言，有时也很美丽

她，年轻美丽，身边有很多的追求者。他，一个很普通的人。他和她相识在一个晚会上，晚会结束时，他邀请她一块儿去喝咖啡，出于礼貌，她答应了。

坐在咖啡馆里，两个人之间的气氛很是尴尬，没有什么话题，她只想尽快结束，好回去。但是当小姐把咖啡端上来的时候，他却突然说：“麻烦你拿点盐过来，我喝咖啡习惯放点儿盐。”当时，她愣了，小姐也愣了，大家的目光都集中到了他身上，以至于他的脸都红了。

小姐把盐拿过来，他放了点儿进去，慢慢地喝着。她是个好奇心很重的女子，于是很好奇地问他：“你为什么要加盐呢？”他沉默了一会儿，很慢地几乎是一字一顿地说：“小时候，我家住在海边，我老是在海水里泡着，海浪打过来，海水涌进嘴里，又苦又咸。现在，很久没回家了，咖啡里加点儿盐，能让我想起那种家的感觉，可以把距离拉近一点儿。”

她突然被打动了，因为，这是她第一次听到男人在她面前说想家，她认为，想家的男人必定是顾家的男人，而顾家的男人必定是爱家的男人。她忽然有一种倾诉欲望，跟他说起了她远在千里之外的故乡，冷冰冰的气氛渐渐变得融洽起来。两个人聊了很久，并且，她没有拒绝他送她回家。

再以后，两个人频繁地约会，她发现他实际上是一个很好的男人，大度、细心、体贴，具备她欣赏的所有优秀男人应该具有的特点。她暗自庆幸，幸亏当时的礼貌，才没有和他擦肩而过。她和他去遍了城里的每家咖啡馆，每次都是她说：“请拿些盐来好吗？我的朋友喜欢在咖啡里加点儿盐。”

再后来，就像童话书里所写的一样，“王子和公主结婚了，从此过着幸福的生活”。他们确实过得很幸福，而且一过就是四十多年，直到他得病去世。

他在临终前写给她一封信：“原谅我一直都欺骗了你。还记得第一次请你喝咖啡吗？当时气氛差极了，我很难受，也很紧张，不知怎么想，竟然对小姐说拿些盐来，其实我不想加盐的，但当时既然说出来了，只好将错就错了。有好多次，我都想告诉你，可我怕你会生气，现在我终于不怕了，因为我就要死了，死人总是很容易被原谅的，对不对？今生，得到你是我最大的幸福，如果有来生，我还希望能娶到你，只是，我可不想再喝加盐的咖啡了！”

她看完信后泪流满面。她多想告诉他，虽然他欺骗了她，但她并不生他的气，她觉得她是幸福的，因为有人为了她，能够欺骗一生一世。

**人生感悟**

善意的谎言是美丽的，是可以谅解的。当有人对我们说谎后，我们在感觉受骗的同时，最好想一想他为什么要说谎，我们或许就会谅解他，并因此而感动。

# 第十章

## 注重细节，抓住每次机遇

在被我们不屑一顾的细节中，往往潜藏着幸运、成功的因子。做好了细节，你等于抢占了先机。

将每一个细节都做到完美，便是通往成功、幸福的捷径。天才就是注重细节的人，这是他们与凡人的最大区别。

古人说：“一招不慎，满盘皆输。”放过生命棋盘中的小失误，常以付出大代价而告终。

# 一些看似极微小的事情，却有可能引发重大事件

一只蝴蝶在巴西扇动翅膀，有可能会在美国的得克萨斯引起一场龙卷风。

这就是洛伦兹1979年12月在华盛顿的美国科学促进会的一次讲演中提出的“蝴蝶效应”。这次演讲和结论给人们留下了极其深刻的印象。从此以后，所谓“蝴蝶效应”之说就不胫而走，名声远扬了。

“蝴蝶效应”之所以令人着迷、令人激动、发人深省，不但在于其大胆的想象力和迷人的美学色彩，更在于其深刻的科学内涵和内在的哲学魅力。

从科学的角度来看，“蝴蝶效应”反映了混沌运动的一个重要特征：系统的长期行为对初始条件的敏感依赖性。

经典动力学的传统观点认为，系统的长期行为对初始条件是不敏感的，即初始条件的微小变化对未来状态所造成的差别也是很微小的。可混沌理论向传统观点提出了挑战。混沌理论认为在混沌系统中，初始条件的十分微小的变化经过不断放大，对其未来状态会造成极其巨大的差别。有一首在西方流传的民谣对此作了形象的说明，这首民谣说：

丢失一个钉子，坏了一只蹄铁；坏了一只蹄铁，折了一匹战马；

折了一匹战马，伤了一位骑士；伤了一位骑士，输了一场战斗；

输了一场战斗，亡了一个帝国。

马蹄铁上一个钉子是否会丢失，本是初始条件的十分微小的变化，但其“长期”效应却是一个帝国存与亡的根本差别。这就是军事和政治领域中的所谓“蝴蝶效应”。

虽然这有点不可思议，但是确实能够造成这样的恶果。横过深谷的吊桥，常从一根细线拴个小石头开始。

人生感悟

不要瞧不起一些细小的事情，一些看似极微小的事情，却有可能引发重大事件。在日常生活和工作中，一定要防微杜渐，不要让一些看似不起眼的小事毁坏了自己的整个人生。

## 借力而行

星期六上午，一个小男孩在沙滩上玩耍。他身边有他的一些玩具——小汽车、货车、塑料水桶和一把亮闪闪的塑料铲子。在松软的沙堆上修筑“公路”和“隧道”时，他发现一块很大的岩石挡住了去路。

小男孩开始挖掘岩石周围的沙子，试图把它从泥沙中弄出去。他是个很小的孩子，而岩石却相当巨大。手脚并用，他花尽了力气，岩石却纹丝不动。小男孩下定决心，手推、肩挤、左摇右晃，一次又一次地向岩石发起冲击，可是，每当他刚把岩石搬动一点点的时候，岩石便又随着他的稍事休息而重新返回原地。小男孩气得直叫唤，使出吃奶的力气猛推猛挤。但是，他得到的唯一回报便是岩石滚回来时砸伤了他的手指。最后，他筋疲力尽，坐在沙滩上伤心地哭了起来。

这整个过程，他的父亲从不远处看得一清二楚。当泪珠滚过孩子的脸庞时，父亲来到了他的跟前。父亲的话温和而坚定：“儿子，你为什么不用上所有的力量呢？”男孩抽泣道：“爸爸，我已经用尽全力了，我已经用尽了我所有的力量！”“不对，”父亲亲切地纠正道，“儿子，你并没有用尽你所有的力量。你没有请求我的帮助。”说完，父亲弯下腰抱起岩石，将岩石扔到了远处。

### 人生感悟

人各有短长，你解决不了的问题，对你的朋友或亲人而言或许就是轻而易举的，他们也是你的资源和力量。

“一个好汉三个帮”，要善于待人接物，结交朋友，以便互相提携，互相促进，互相帮助。“钢铁大王”安德鲁·卡内基曾预先写好他自己的墓志铭：“长眠于此地的人懂得在他的事业过程中起用比他自己更优秀的人。”而这，也正是他成功的秘诀之一。善于借助别人的力量，让弱小的自己变得强大，让强大的自己变得更加强大，使自己的成功更持久。

## 哪怕只是举手之劳，也可能会挽救一个人

一个男孩被绊倒在地，他怀里抱着的很多书、两件运动衫、一个棒球拍、一副手套和一个随身听全都掉在了地上。正在放学回家的路上的马克看到了，于是，马克单膝跪在地上帮他把散落的东西一一捡了起来。

这个男孩叫比尔，正好和马克同路，所以马克帮他拿了一部分东西。在路上，比尔告诉马克他喜欢玩电子游戏、打棒球和上历史课，他说其他学科他学得不好。此外，他还告诉马克他刚刚和他女朋友分手。

他们先到达比尔的家。比尔邀请马克进去喝杯可乐，看看电视。那天下午他们在一起谈论，说笑，过得很愉快。从那以后，他们在校园里经常遇到，有时还在一起吃午餐。初中毕业后，他们又在同一所高中上学，在那里他们也有过几次短暂的接触。在他们毕业前3个星期，有一天，比尔问马克他们是否

可以谈一谈。

比尔问马克是否还记得数年前他们第一次相遇时的情形。“你有没有想过那天我为什么要带那么多东西回家？”比尔问马克。

马克摇了摇头。

比尔说：“你知道吗，我把我的衣物柜清理了一下，因为我不想把混乱留给别人。我已经从我母亲那儿偷偷拿了一些安眠药攒起来，那天我准备回家后就自杀。但是，在我们一起快乐地交谈和说笑之后，我意识到如果我自己结果了自己的性命，我就不会有那样快乐的时光，以及以后还可能会有的其他很多美好的东西。所以，你瞧，马克，你那天不只是捡起了我的书，你还挽救了我的生命。所以，我想向你道谢！”

**人生感悟**　很多时候，帮助别人对于自己来说只是举手之劳，而对于别人来说，这不仅仅是一句话，或是一个动作，有可能会因此改变他们一生的命运。

# 看似简单的几句话，常常会挽救或毁灭一个灵魂

李顺宜的女友在南方一所著名的大学中文系读书，授课的老师中有一位五十出头的风度翩翩的男教授。教授不仅学识渊博，而且谈吐幽默风趣，经常到学生们中间和他们谈古说今、纵论文史，成了班里女学子们心中的偶像，许多女生甚至主动接近他，希望能得到他的提携和指点。

女友也是其中的一个。一天，她约了两位要好的女同学一块儿去教授家请教几个问题。穿过一条林荫小路，来到了教授居住的那座静谧小院，她们在那栋青砖灰墙小楼前停下了脚步。女友伸出手正欲敲门，却发现门是虚掩着的，于是她轻轻地推开，结果看到了令她目瞪口呆的一幕。

教授正在屋内拥吻着一个女孩子。而那个女孩子是他的学生。

看到她们的意外出现，教授的手像触电一样一下子猛然松开，垂落，脸

色霎时变得惨白。

双方就这么站着，也许仅仅只有几秒钟的时间，却像漫漫的一个世纪，空气死一样沉寂，听得见彼此猛烈的心跳和呼吸。

“我当时的确很震惊，真的，你说我该怎么办？”讲到这里，女友抬起头来问李顺宜。

装作没看见迅速走掉？干脆走上前去委婉地劝说？报告领导或告诉他的爱人，让他受到惩罚甚至身败名裂？这些念头在李顺宜的脑海中一闪而过，教授不是这种人，他也许只是一时糊涂……

还没等李顺宜回答，女友又开始说了，语气缓慢，像是努力回忆当时的情形：“教授有一个他所深爱也深爱着他的妻子，他的妻子在同城的另一所高校任教，他们有一个活泼可爱的即将大学毕业的女儿，这是一个幸福而美满的家庭。他们的家庭和教授本人洁身自律的品质，在校内一直有着良好的口碑。”

仅仅是几秒钟的犹豫和停顿后，女友坦然地走了进去，站在教授面前，一脸笑容地说道：“教授，我们都是您的学生，您可不能偏心哟，您也吻我一下好吗？”

教授马上清醒过来，他轻轻地拥抱并吻了一下她的额头，那一刻，她看见教授的眼里有湿润的东西在闪光。

另外两位女同学也马上会意过来，走到教授身边提出了相同的请求，教授一一应允了她们。

“事情的经过就是这样。”女友的表情显得轻松愉快，“一晃这么多年过去了，教授依然拥有一个美好的家庭和良好的口碑，他更加勤奋地研究和著述，并取得了极为丰硕的成果。我毕业那年，他曾寄给我一张贺卡，上面只有一句话：我永远感激你的善良和智慧，是你拯救了我。

“许多事情就是这样奇妙，挽救或毁灭一个灵魂，常常就是看似简单的那么几句话。”女友最后说道。

**人生感悟** 语言是一把双刃剑，用好了可以增进人与人之间的沟通与交流，用不好就会伤己伤人。所以，说话时要特别谨慎，因为看似简单的几句话，常常会挽救或毁灭一个灵魂。

# 一个微不足道的动作，或许就会改变人的一生

美国福特公司名扬天下，不仅使美国汽车产业在世界独占鳌头，而且改变了整个美国的国民经济状况。可是谁又能想到该奇迹的创造者福特，当初进入公司的“敲门砖”竟是“捡废纸”这个简单的动作。

那时候，福特刚从大学毕业，他到一家汽车公司应聘，一同应聘的几个人学历都比他高，其他人面试时，福特感到没有希望了。当他敲门走进董事长办公室时，发现门口的地上有一张纸，就很自然地弯腰把它捡了起来，看了看，原来是一张废纸，就顺手把它扔进了垃圾篓。董事长对这一切都看在眼里。福特刚说了一句话：“我是来应聘的福特。”董事长就发出了邀请：“很好，很好，福特先生，你已经被我们录用了。”这个让福特感到惊异的决定，实际上源于他那个不经意的动作。从此以后，福特开始了他的辉煌之路，直到把公司改名，让福特汽车闻名全世界。

平安保险公司的一个业务员也有与福特相似的惊喜。

他多次拜访一家公司的总经理，而最终能够签单的原因，仅仅是他在去总经理办公室的路上，随手捡起了地上的一张废纸并扔进了垃圾桶。

总经理对他说：“我（透过窗户玻璃）观察了一个上午，看看哪个员工会把废纸捡起来，没有想到是你。”

而在这次面见总经理之前，他还被“晾”了三个多小时，并且有多家同行在竞争这个大客户。

**人生感悟** 一个人要养成重视小事的习惯，因为从一些小事上能反映出做事的态度。不要忽略一些不起眼的小事或细节，有时正是这些小事或细节决定了一个人的成败。即使是一个微不足道的动作，或许就会改变一个人的一生。

## 即使是最简单的事情，也要做到最好

野田圣子是一个年轻美丽的日本女孩子，她离开学校后找到的第一份工作，是在帝国酒店当白领丽人。

在酒店受训期间，酒店安排她打扫厕所。从小娇生惯养的她从来没有干过这样的活，第一次清理马桶的时候，她差一点儿吐出来。

野田圣子明白，要当白领丽人，就必须从最基层的粗活开始干起。她每天强制自己打扫厕所，把马桶擦得干净、光洁，她觉得自己做得很好，应该是无可挑剔了。

可是有一天，一件野田圣子从未料到的事情使她受到了强烈的震撼。

野田圣子打扫干净自己所负责的厕所以后，偶然走进另一间厕所。负责打扫这间厕所的是一个蓝领清洁工，从外表看，野田圣子觉得清洁工打扫的厕所和自己打扫的没有什么两样。

后，从容地从马桶里舀了一杯水，当着野田圣子的面竟看呆了，她简直不敢相信自己的眼睛。然而，这一切都

表明，她负责打扫的厕所有多么干净，干净到连马桶

田圣子感到十分惭愧，与清洁工打扫的厕所相比，她打差得远呢。她暗暗对自己说：“连厕所也打扫不干净的人社会上承担起重要责任的。如果让自己一辈子打扫厕所做出色的人！”

扫厕所异常认真。有一天，在打扫完厕所、洗完马桶以后桶里舀了一杯水喝了下去。

使野田圣子终生难忘，正是这次经历成为她今后为人处步一步地走向成熟、走向成功。

个人要想有所作为，一定要从小事做起，如果连最简的事情都做不好，就不可能做好大事，也不可能成大业。即使是最简单的事情，也要做到最好。只有这才能为以后做大事、成大业打下良好的基础。

## 即一点小事，也会换来别人之情

石

送走了最后一批前来祝贺的亲朋好友后，石文与妻子刚要躺在沙发上休息一下，这时门铃又响了。石文想，这么晚了怎么还会有客人呢？忙起身去开门，打开门一看，门外站着两位不认识的中年男女，看上去像是一对夫妻。石文正在疑惑中，那男子先开口，介绍说：“我姓李，是一楼的住户，上来向你们祝贺乔迁之喜。”

原来是邻居啊！石文赶紧往屋里让。

李先生连忙摇头说：“不麻烦了，不麻烦了，还有一件事情要请你们帮忙。”

石文说：“别客气，有什么事情需要我们效劳？”

李先生请求道：“你们以后出入单元防盗门的时候，能不能轻点关门，我们住在一楼，老父亲心脏不太好，受不了重响。”说完，他静静地看着石文夫妻俩，眼里流露出一股浓浓的歉意。

石文沉默了片刻，回答说：“当然没问题，只是有时候急了便会顾不上了。既然你父亲受不了惊吓，为什么还要住在一楼？”

李太太忙解释道：“其实我们也不喜欢住一楼，那里既潮湿又脏，但是公公他腿脚不好，而且还有心脏病，心脏病人是要有适度的活动的。”听完后，石文心里顿时一阵感动，便答应以后尽量小心。

李先生一家对石文夫妻俩千恩万谢，弄得他们挺不好意思的。以后的日子里，石文发现他们的单元门与别处的单元门的确不太一样，所有的住户在开关防盗门时，都是轻手轻脚的，绝没有其他单元时不时“咣当”一声巨响。一问，果然都是受李先生所托。

时间过得很快，转眼一年过去了。有一天晚上，李先生夫妻又摁响了石文家的门铃，一见到他们，二话没说，先给石文夫妻俩深深地鞠了个躬，半晌，头也没抬起来。石文急忙扶起询问。李先生的眼睛红肿，原来昨天晚上，老爷子在医院病故了。病故之前，老爷子曾对儿子交代过：对大家这些年来对自己的照顾非常感谢，给各位带了不少的麻烦，要儿子见到年纪大的邻居叩个头，年纪轻的鞠一躬，以此来表示自己对大家的感激。

这时石文用眼睛偷偷一扫，果然李先生裤子的膝盖处有两块灰迹，想必是给年长的邻居叩头时沾上的。

送走了李先生夫妻，石文感慨地对妻子说道：“轻点关门只是举手之劳，居然换来了别人如此大的感激，真是想不到也担不起啊！”

**人生感悟**

人与人之间并不是相互对立的，而是一种共生共存的关系。我们都应与别人和睦相处，都应互相帮助、互相体谅，多给对方开方便之门。

# 不放弃任何一次机会，哪怕只有万分之一的可能性

有一次，甘布士要乘火车去纽约，但事先没有订好车票，这时恰值圣诞前夕，到纽约去度假的人很多，因此火车票很难买到。

甘布士打电话去火车站询问：是否还可以买到这一次的车票？车站的答复是：全部车票都已售光。不过，假如不怕麻烦的话，可以带着行李到车站碰碰运气，看是否有人临时退票。

车站反复强调了一句，这种机会或许只有万分之一。

甘布士欣然提了行李，赶到车站去，就如同已经买到了车票一样。

夫人关怀备至地问道："要是你到了车站买不到车票怎么办呢？"

他不以为意地答道："那没有关系，我就好比拿着行李去散了一趟步。"

甘布士到了车站，等了许久，退票的人仍然没有出现，乘客们都川流不息地向月台涌去了。但甘布士没有像别人那样急于回走，而是耐心地等待着。

大约距开车时间还有5分钟的时候，一个女人匆忙地赶来退票，因为她的女儿病得很严重，她被迫改坐以后的车次。

甘布士买下那张车票，搭上了去纽约的火车。

到了纽约，他在酒店里洗过澡，躺在床上给他太太打了一个长途电话。

在电话里，他轻松地说："亲爱的，我抓住那只有万分之一的机会了，因为我相信一个不怕吃亏的笨蛋才是真正的聪明人。"

后来，甘布士成了美国举足轻重的商业巨子。

他在一封给青年人的公开信中诚恳地说道：

"亲爱的朋友，我认为你们应该重视那万分之一的机会，因为它将给你带来意想不到的成功。有人说，这种做法是傻子行为，比买奖券的希望还渺茫。这种观点是有失偏颇的，因为开奖券是由别人主持，丝毫不由你主观努力；但这种万分之一的机会，却完全是靠你自己的主观努力去完成。"

**人生感悟**　有一句俗谚："通往失败的路上，处处是错失了的机会。坐等幸运从前门进来的人，往往忽略了从后窗进入的机会。"

# 第十一章

# 不要在不经意间，错过一些最重要的东西

生活有大美，万物皆通灵。一茶一坐一风景，一花一草一菩提……人生中有一些极美极珍贵的东西，如果不好好留心和把握，便常常会失之交臂，甚至一生难得再遇、再求。错过了，会遗憾；经历过，才耀眼；时光太瘦，指缝太宽，不经意间，此去经年。所以，不要错过这些美好，不要在不经意间，错过一生最重要的东西。

# 拒绝诱惑

一个顾客走进一家汽车维修店，自称是某运输公司的汽车司机。他对店主说："在我的账单上多写点零件，我回公司报销后，有你一份好处。"但店主拒绝了这样的要求。

顾客继续纠缠道："我的生意很大，我会常来的，这样做你肯定能赚很多钱！"店主告诉他，无论如何也不会这样做。顾客气急败坏地嚷道："谁都会这么干的，我看你真的是太傻了。"

店主火了，指着那个顾客说："你给我马上离开，请你到别处谈这种生意。"

谁知这时顾客竟露出微笑并紧紧握住店主的手说："我就是这家运输公司的老板，我一直在寻找一个固定的、信得过的维修店，我终于找到了，你还让我到哪里去谈这笔生意呢？"

面对诱惑不心动，不为其所惑，虽平淡如行云，质朴如流水，却让人领略到一种山高海深，让人感觉到一份放心。这样的人也是真正懂得如何生存的人。

## 人生感悟

诱惑能使人失去自我，这个世界有太多的诱惑，让人一不小心就掉入陷阱。找到自我，固守做人的原则，守住心灵的防线，不被诱惑招引，你才能生活得安逸、自在。

# 生命中有很多事，需要慢慢去等

一对情侣在咖啡馆里发生了口角，互不相让。然后，男孩愤然离去，只留下他的女友独自垂泪。

心烦意乱的女孩搅动着面前的那杯清凉的柠檬茶，泄愤似的用匙子捣着杯中未去皮的新鲜柠檬片，柠檬片已被她捣得不成样子，杯中的茶也泛起了一股柠檬皮的苦味。

女孩叫来侍者，要求换一杯剥掉皮的柠檬泡成的茶。

侍者看了一眼女孩，没有说话，拿走那杯已被她搅得很混浊的茶，又端来一杯冰冻柠檬茶，只是，茶里的柠檬还是带皮的。原本就心情不好的女孩更加恼火了，她又叫来侍者。

"我说过，茶里的柠檬要剥皮，你没听清吗？"她斥责着侍者。

侍者看着她，他的眼睛清澈明亮。"小姐，请不要着急。"他说道，"你知道吗，柠檬皮经过充分浸泡之后，它的苦味溶解于茶水之中，将是一种清爽甘甜的味道，正是现在的你所需要的。所以请不要急躁，不要想在3分钟之内就把柠檬的香味全部挤压出来，那样只会把茶搅得很混，把事情弄得一团糟。"

女孩愣了一下，心里有一种被触动的感觉，她望着侍者的眼睛，问道："那么，要多长时间才能把柠檬的香味发挥到极致呢？"

侍者笑了："12个小时。12个小时之后柠檬就会把生命的精华全部释放出来，你就可以得到一杯美味到极致的柠檬茶，但你要付出12个小时的忍耐和等待。"

侍者顿了顿，又说道："其实不只是泡茶，生命中的任何烦恼，只要你肯付出12个小时忍耐和等待，就会发现，事情并不像你想象的那么糟糕。"

女孩看着他："你是在暗示我什么吗？"

侍者微笑："我只是在教你怎样泡制柠檬茶，顺便和你讨论一下用泡茶的方法是不是也可以炮制出美味的人生。"侍者鞠躬，离去。

女孩面对一杯柠檬茶静静沉思。女孩回到家后自己动手泡制了一杯柠檬茶，她把柠檬切成又圆又薄的小片，放进茶里。

女孩静静地看着杯中的柠檬片，她看到它们在呼吸，它们的每一个细胞都张开来，有晶莹细密的水珠凝结着。她被感动了，她感到了柠檬的生命和灵魂慢慢升华，缓缓释放。12个小时以后，她品尝到了她有生以来从未喝过的最绝妙、最美味的柠檬茶。女孩明白了，这是因为柠檬的灵魂完全深入其中，才会有如此完美的滋味。

门铃响起，女孩开门，看见男孩站在门外，怀里的一大捧玫瑰娇艳欲滴。

“可以原谅我吗？”他讷讷地问。

女孩笑了，她拉他进来，在他面前放了一杯柠檬茶。“让我们约定，”女孩说道，“以后，不管遇到多少烦恼，我们都不许发脾气，定下心来想想这杯柠檬茶。”

“为什么要想柠檬茶？”男孩困惑不解。

“因为，我们需要耐心等待12个小时。”

后来，女孩将泡柠檬茶的秘诀运用到她生活中的各个层面，她的生命因此而快乐、生动和美丽。女孩恬静地品尝着柠檬茶的美妙滋味，品尝着生命的美妙滋味。

人生感悟

生命中有些事是不能等的，但有些事却需要慢慢去等。学会慢慢去等，你才能把有些事化解，你才能把有些情感释怀，你才能慢慢品味人生。

# 只有好好地把握住今天，才能创造美好的明天

在美国华尔街的股票市场交易所，依文斯工业公司是一家保持了长久生命力的公司，可公司的创始人爱德华·依文斯却因为绝望而差点死去。

依文斯生长在一个贫苦的家庭里，起先靠卖报赚钱，然后在一家杂货店当店员。

8年之后，他才鼓起勇气开始自己的事业。然后，厄运降临了——他替一个朋友背负了一张面额很大的支票，而那个朋友破产了。祸不单行。不久，那家存着他全部财产的大银行垮了，他不但损失了所有的钱，还负债近两万美元。

他经受不住这样的打击，他绝望极了，并开始生起奇怪的病来：有一天，他走在路上的时候，昏倒在路边，以后就再也不能走路了。最后医生告诉他，他只有两个星期可活了。

想着只有十几天可活了，他突然感觉到了生命是那么宝贵。于是，他放松了下来，好好把握着自己的每一天。

奇迹出现了。两个星期后依文斯并没有死，6个星期以后，他又能回去工作了。经过这场生死的考验，他明白了患得患失是无济于事的，对一个人来说最重要的就是把握住现在。他以前一年曾赚过两万美元，可是现在能找到一个礼拜30美元的工作，就已经很高兴了。正是有这种心态，依文斯的进展非常快。

不到几年，他已是依文斯工业公司的董事长了。正是因为学会了只“活在当下”的道理，依文斯取得了人生的胜利。

## 人生感悟

有句话说得好：“昨天属于死神，明天属于上帝，唯有今天属于我们。”只有好好地把握住今天，我们才能充分拥有和利用好每一个今天，才能挣脱昨天的痛苦和失败，才能创造美好的明天。

# 再坚持一小会儿，往往就是另一个结局

两个探险者迷失在茫茫的大戈壁滩上，他们因长时间缺水，嘴唇裂开了一道道的血口，如果继续下去，两个人只能活活渴死！

年长一些的探险者从同伴手中拿过空水壶，郑重地说："我去找水，你在这里等我吧！"接着，他又从行囊中拿出一把手枪递给同伴说："这里有6颗子弹，每隔一个时辰你就放一枪，这样当我找到水后就不会迷失方向，就可以循着枪声找到你。千万要记住！"

看着同伴点了点头，他才信心十足地蹒跚离去……时间在悄悄地流逝，枪膛里剩下最后一颗子弹了，找水的同伴还没有回来。

"他一定被风沙湮没了，或者找到水后撇下我一个人走了。"年纪小一些的探险者数着分、数着秒，焦灼地等待着。饥渴和恐惧伴随着绝望如潮水般地充盈了他的脑海，他仿佛嗅到了死亡的味道，感到死神正面目狰狞地向他紧逼过来……

他扣动扳机，将最后一粒子弹射进了自己的脑袋。

就在他轰然倒下不久，同伴带着满满的两大壶水赶到了他的身边……

**人生感悟** 很多事情之所以结局很糟，是因为没有坚持到最后。对于某些事一定要坚持，只要还有一口气在，就要坚持到底。人生中有很多事情，再坚持一小会儿，往往就是另一个结局。

# 财富是一点一滴积累起来的，所以要珍惜每一分钱

有两个年轻人一同去寻找工作，其中一个叫彼德，另一个叫洛维尔。

他们都怀着成功的愿望，寻找适合自己发展的机会。有一天，他们走在

街上时，同时看到有一枚硬币躺在地上，彼德看也不看就走了过去，洛维尔却激动地将它捡了起来。

彼德对洛维尔的举动露出鄙夷之色：连一枚硬币也捡，真没出息！洛维尔望着远去的彼德心中感慨：让钱白白地从身边溜走，真不应该！

到底是谁真正没出息呢？

后来，两个人同时进了一家公司。公司很小，工作很累，工资也低，彼德不屑一顾地走了，而洛维尔却高兴地留了下来。

两年后，他们又在街上相遇，洛维尔已成了一位小老板，而彼德还在寻找工作。

彼德对此无法理解：“你怎么能如此快地发了财呢？”

洛维尔说：“因为我不会像你那样从一枚硬币上走过去，我会珍惜每一分钱，而你连一枚硬币都不要，怎么会发财呢？”

## 人生感悟

金钱的积累是从每一个硬币开始的，成功致富的人决不会因为钱小而弃之。因为他们知道，任何一种成功都是从一点一滴积累起来的，如果没有这种心态，就不可能得到更多的财富。贪图更大的财富，结果往往连本来能够到手的财富也会丢掉。

# 经历的坎坷和磨难，是人生的一笔财富

许多年前，有一个名叫海菲的人，他恳求老板改变自己地位低下的生活，因为他爱上了一位美丽的姑娘，而姑娘的父亲却富有而势利。

想不到他的恳求获得了老板——大名鼎鼎的皮货商人柏萨罗的恩准。柏萨罗派他到伯利恒小镇去卖一件袍子，他却因为怜悯，把袍子送给客栈附近一个需要取暖的新生儿。

海菲满是羞愧地回到皮货商那里，但有一颗明星却一直在他头顶上方闪烁。柏萨罗将这解释为上帝的启示，他给了海菲10道羊皮卷，那里面记载着震撼古今的商业大秘密，有实现海菲所有抱负所必需的智慧。海菲怀揣着这10道羊皮卷，带着老板给他的一笔本金，走向远方，开始了他独立谋生的推销生涯。

若干年后，海菲成了一名富有的商人，并娶回了自己心爱的姑娘。他的成就在继续扩大，不久，一个浩大的商业王国在古阿拉伯半岛崛起……

熟悉以上文字的人都明白，这是一部奇书的故事梗概，它的名字叫《世界上最伟大的推销员》。作者奥格·曼狄诺，出生于美国东部的一个平民家庭。28岁以前，他大学毕业，有了一份稳定的工作，并娶了妻子。但是后来，由于自己的愚昧无知和盲目冲动，他犯了一系列不可饶恕的错误，最终失去了自己一切宝贵的东西——家庭、房子和工作，几乎一贫如洗。于是，他开始到处流浪，寻找赖以度日的种种方法。

两年后，曼狄诺认识了一位受人尊敬的牧师，牧师解答了他提出的许多困扰人生的问题。临走的时候，牧师送给他一部《圣经》，此外，还有一份书单，上面列着11本书的书名。它们是《最伟大的力量》《钻石宝地》《思考的人》《向你挑战》《本杰明·富兰克林自传》《获取成功的精神因素》《思考致富》《从失败到成功的销售经验》《神奇的情感力量》《爱的能力》和《信仰的力量》。

从这一天开始，奥格·曼狄诺就依照牧师列出的书单，把11本书一一找来，细细地阅读。渐渐地，笼罩在心头那一片浓重的阴云退去了，似有一抹阳光照射进来，他激动万分，终于看到了希望。

曼狄诺一旦意识到自己的潜力，便焕发出前所未有的热情和勇气。他遵循书中智者的教诲，像一位整装待发的水手，瞄准了目标，越过汹涌的大海，抵达梦中的彼岸。

此后，曼狄诺当过卖报人、公司推销员、业务经理……在这条他所选择的道路上，充满了机遇，也饱含着辛酸，但他已不可战胜，因为，他掌握了人生的准则。当遇到困难，甚至失败时，他都用书中的语言激励自己：坚持不懈，直至成功！终于，在35岁生日那一天，他创办了自己的企业——《成功无止境》杂志社，从此步入了富足、健康、快乐的乐园。

奥格·曼狄诺的成功为他带来了巨大的荣誉，使他成为美国家喻户晓的商界英雄。

曼狄诺没有就此止步，开始著书立说。1968年，他写出了《世界上最伟大的推销员》一书。该书一经问世，即以多种语言在世界各地出版，不仅推销员，社会各个阶层人士都被这部充满魅力的作品深深吸引，争相阅读。

不平凡的经历是成功的一笔财富，如果曼狄诺没有早年的坎坷，就不会有后来的成就。

**人生感悟**

坎坷的经历是人生中的一大财富，经历坎坷和磨难，是在储存一笔财富。只有那些经历坎坷、经历磨难的人，才会对生活充满信心，才能勇敢地面对将来的艰难险阻，并最终成就辉煌的人生。

## 不要跌倒在自己的优势上

三个旅行者同时住进一家宾馆，早上出门时，一个旅行者带了一把伞，另一个旅行者拿了一根拐杖，第三个旅行者什么也没有拿。

晚上归来，拿伞的旅行者淋得浑身是水，拿拐杖的旅行者跌得满身是伤，而第三个旅行者却安然无恙。于是，前面的旅行者很纳闷，他们问第三个旅行者："你怎会没有事呢？"

第三个旅行者没有回答，而是问拿伞的旅行者："你为什么会淋湿而没有摔伤呢？”拿伞的旅行者说：“大雨来到的时候，我因为有了伞，就大胆地在雨中走，却不知怎么淋湿了；当我走在泥泞坎坷的路上时，我因为没有拐杖，所以走得非常仔细，专拣平稳的地方走，所以没有摔伤。”

然后，他又问拿拐杖的旅行者：“你为什么没有淋湿而摔伤了呢？”

拿拐杖的说：“大雨来临的时候，我因为没有带雨伞，便拣能躲雨的地方走，所以没有淋湿；我走在泥泞坎坷的路上时，我便用拐杖拄着走，却不知为什么常常跌跤。”

第三个旅行者听后笑笑说：“这就是为什么你们拿伞的淋湿了，拿拐杖的跌伤了，而我却安然无恙的原因。大雨来时我躲着走，路不好时我细心地走，所以我没有淋湿也没有跌伤。你们的失误就在于过分地依赖自己的优势，认为有了优势便少了忧患。”

**人生感悟** 许多时候，我们不是跌倒在自己的缺陷上，而是跌倒在自己的优势上，因为缺陷常常给我们以提醒，而优势却常常使我们忘乎所以，从而失去了理智。

## 有些看起来微不足道的人，往往才是最重要的人

在阿尔卑斯山东边山坡，奥地利的一个小村庄里，曾住着一位老先生。他在多年前被一个镇议会聘用，负责清除山涧水池中的杂物。泉水从山上的源头流出，直达他们的市镇。他默默地在山上巡回，随时清除树叶和树枝，以及可能淤塞和

污染清新水流的泥沙。逐渐地，村庄成了度假胜地。美丽的天鹅在晶莹的泉水上游动，附近各种营业的水车日夜转动，农田得到灌溉，从餐厅里望出去的风景赏心悦目。

许多年过去了，一天早上，镇议会举行半年一度的会议。审查预算时，某人的视线停在鲜为人注意的泉水守护者的薪水上面。这位负责财务的先生说：“这老头是谁？我们为何每年聘用他？没人看见他。这位在山里巡逻的陌生人对我们没啥用处，我们并不需要他！”经过投票，众人一致同意取消了老先生的职位。

起先数周并没有什么改变。直至秋天来临，树木开始落叶，折断的小树枝掉落在水池里，阻碍了泉水的奔流。一天下午，有人注意到泉水出现了些微棕黄的颜色。到第二个星期，泉水更显得阴暗。再过一周，泉水又多了一层浮在水面的泥土，不久更发出恶臭。水车转得比以前慢了，终于不转了。天鹅和游客皆不复返，各样疾病开始侵袭村庄。尴尬的议会急忙召开特别会议，他们知道他们犯了一个重大错误，决定重新聘用泉水的守护人……

数周之后，生命的河水又恢复了清洁。水车重新转动，新生命再次注入阿尔卑斯山边的这个小村庄。

**人生感悟**　我们常常忽略了一些人，这些人看起来微不足道，甚至默默无闻。殊不知，对于我们来说，这些人才往往是最重要的人。所以，不要忽视每一个人的作用，因为每一个人都是不可或缺的。

## 有目标的人生，才是充盈的人生

有个年轻人去采访朱利斯·法兰克博士。法兰克博士是市立大学的心理学教授，虽然已经70岁高龄了，却保有相当年轻的体态。

“我在好多年前遇到过一个中国老人，”法兰克博士解释道，“那是第二次世界大战期间，我在远东地区的战俘集中营里。那里的情况很糟，简直无法忍受，食物短缺，没有干净的水，放眼所及全是患痢疾、疟疾等疾病的人。

有些战俘在烈日下无法忍受身体和心理上的折磨，对他们来说，死已经变成最好的解脱。我自己也想过一死了之，但是有一天，一个人的出现扭转了我的求生意念，那是一个中国老人。”

年轻人非常专注地听着法兰克博士诉说那天的遭遇。

“那天我坐在囚犯放风的广场上，身心俱疲。我心里正想着，要爬上通了电的围篱自杀是多么容易的事。不久之后，我发现身旁坐了个中国老人，我因为太虚弱了，还恍惚地以为是自己的幻觉。毕竟，在日本的战俘营区里，怎么可能突然出现一个中国人？他转过头来问了我一个问题，一个非常简单的问题，却救了我的命。”

年轻人马上提出自己的疑惑：“是什么样的问题可以救人一命呢？”

法兰克博士继续说：“他问的问题是‘你从这里出去之后，第一件想做的事情是什么？’这是我从来没想过的问题，我从来不敢想。但是我心里却有答案：我要再看看我的太太和孩子们。突然间，我认为自己必须活下去，那件事情值得我活着回去做。那个问题救了我一命，因为它给了我活下去的理由！从那时起，活下去变得不再那么困难了，因为我知道，我每多活一天，就离战争结束近一点，也离我的梦想近一点。中国老人的问题不只救了我的命，它还教了我从来没学过，却是最重要的一课。”

“是什么？”年轻人问。

“目标的力量。”

“目标？”

“是的，目标，值得奋斗的事。目标给了我们生活的目的和意义。当然，我们也可以没有目标地活着，但是要真正地活着，快乐地活着，我们就必须有生存的目标。伟大的艾德米勒·拜尔德说：‘没有目标，日子便会结束，像碎片般地消失。’目标创造出目的和意义。有了目标，我们才知道要往哪里去，去追求些什么。没有目标，生活就会失去方向，而人也成了行尸走肉。人们生活的动机往往来自两样东西：不是要远离痛苦，就是追求欢愉。目标可以让我们把心思紧系在追求欢愉上，而缺乏目标则会让我们专注于避免痛苦。同时，目标甚至可以让我们更能够忍受痛苦。”

“我有点不太懂，”年轻人犹豫地说，“目标怎么让人更能够忍受痛苦呢？”

“嗯，我想想该怎么说……好！想象你肚子痛，每几分钟就会来一次剧烈的疼痛，痛到你会忍不住呻吟起来，这时你有什么感觉？”

“太可怕了，我可以想象。”

“如果疼痛越来越严重，而且间隔的时间越来越短，你有什么感觉？你会紧张还是兴奋？”

“这是什么问题，痛得要死怎么可能还兴奋得起来，除非你是个虐待狂。”

“不，这是个怀孕的女人！这女人忍受着痛苦，她知道最后她会生下一个孩子。在这种情况下，这女人甚至可能还期待痛苦越来越频繁，因为她知道阵痛越频繁，表示她就快要生了。这种疼痛的背后含有具体意义的目标，因此使得疼痛可以被忍受。同样的道理，如果你已经有个目标在那儿，你就更能忍受达到目标之前的那段痛苦期。毫无疑问，当时我因为有了活下去的目标，所以使我更有韧性，否则我可能早就撑不下去了。我看见一个非常消沉的战俘，于是我问他同一个问题：‘当你活着走出这里后，你第一件想做的事是什么？’他听了我的问题之后，渐渐地，脸上的表情变了，他因为想到自己的目标而两眼闪闪发亮。他要为未来奋斗，当他努力地活过每一天的时候，他知道离自己的目标更近了。”

法兰克博士停了一会儿，继续说道：“我再告诉你另一件事。看着一个人的改变这么大，而你知道你说的话对他有很大的帮助，那种感觉真是太棒！所以我又把这当成自己的目标，我要每天都尽可能地帮助更多的人。战争结束之后，我在哈佛大学从事一项很有趣的研究。我问1953年那届毕业的学生，他们的生活是否有任何目标，你猜有多少学生有特定的目标？”

“50%。”年轻人猜道。

“错了！事实上是低于3%！”法兰克博士说，“你相信吗，100个人里面只有不到3个人对他们的生活有一点想法。我们持续追踪这些学生达25年之久，结果发现，那有目标的3%的毕业生比其他97%的人，拥有更稳定的婚姻状况，健康状况良好，同时，财务情况也比较正常。当然，毫无疑问，我发现他们比其他人有更快乐的生活。”

“你为什么认为有目标会让人们比较快乐？”年轻人问。

“因为我们不只从食物中得到精力，尤其重要的是从心里的一股热忱来获得精力，而这股热忱则是来自于目标，对事物有所企求，有所期待。为什么有这么多人不快乐，一个非常重要的原因就是他们的生活没有意义、没有目标。早晨没有起床的动力，没有目标的激励，也没有梦想。他们因此在生命旅途上迷失了方向和自我。”

“如果我们有目标要去追求的话，生活的压力和张力就会消失，我们就会像障碍赛跑一样，为了达到目标，而不惜冲过一道道关卡和障碍。”

“目标提供我们快乐的基础。人们总以为舒适和豪华富裕是快乐的基本要求，然而事实上，真正会让我们感觉快乐的却是某些能激起我们热情的东西。这就是快乐的最大秘密。缺乏意义和目标的生活，是无法创造出持久的快乐的。这就是我所说的目标的力量。”

**人生感悟** 一个人若没有目标，他的生命将会缺乏前进的动力。目标赋予了我们生命的意义和目的。有了目标，我们才会把注意力集中在追求成功和幸福上。有目标的人生，才是充满希望与活力的人生，人生因此才会变得充盈。

## 要想飞起来，先要有飞翔的信念

在美国，有一位穷苦的牧羊人，他的妻子在几年前离他而去了，他只能和自己的两个孩子靠为别人放羊来维持生活，日子过得很艰苦。

一天，他和孩子在山坡上放羊的时候，一群大雁从他们的头顶飞过，消失在天边。

小孩子总是喜欢问这问那，小儿子问他的父亲：“大雁要飞到哪里去？”

“它们要飞到温暖的地方过冬。”牧羊人回答说。

“如果我们也能像大雁一样飞起来就好了，那样我们就能飞到天堂里看我们的妈妈了，她一个人在那里一定很孤单，她肯定想我们了。”年纪大一点的儿子说。

儿子的话让牧羊人流下了感动的泪水，短暂的沉默后，牧羊人对两个儿子说：“只要你们有飞翔的信念，我相信你们肯定能飞起来的。”

“我们现在就有这样的信念，我们现在就要飞起来。”两个儿子伸开手臂试了试，但他们并没有飞起来。他们看了看父亲，很明显，他们在怀疑父亲

说的话。

牧羊人说："我可以试给你们看。"于是他张开双臂，但是他和自己的孩子一样，也是没有飞起来。

"我想肯定是因为我年纪大了才飞不起来，你们还小，只要有坚定的信念，并且不断努力，我相信总有一天你们能飞起来，飞到天堂看望你们的妈妈。"

父亲的话深深地刻在了兄弟俩的心中，从此他们就开始致力于飞翔的研究，长大后，他们终于飞上了天空。

他们就是飞机的发明者——莱特兄弟。

**人生感悟**

要想飞起来，先要有飞翔的信念，如果没有这个信念，永远也飞不起来。只要有了飞翔的信念，再加上自己的努力，肯定就能飞起来。成功也是这样：要想成功，先要有成功的信念，然后要不断地为这个信念去努力，做到了这两点，这世界上就没有什么做不到的事。

## 细心观察身边发生的事情，就会有很多惊奇的发现

一天，一位埃及法老设宴招待邻邦的君主。法老准备了极丰盛的饭菜，在御膳房里，上百名厨师正在炊烟中忙着做各种复杂的饭菜。

忽然，一个厨师不慎将一盆油打翻在炭灰里，他急忙用手将沾有炭灰的油脂捧到厨房外面倒掉。等他回来用水洗手时，意外地发现手洗得特别干净。厨师非常奇怪，因为平时厨师们洗手时，为了去掉油污，都先用细沙搓一遍，然后再用清水洗。而这次他没有用沙子，就将油污洗得很干净。于是，他请别的厨师也来试一试。结果，每个人的手都洗得同样干净。从此以后，王宫的厨师们就把沾有油脂的炭灰当作洗手的东西了。

后来，这件事情让法老知道了，他就吩咐仆人按照厨师们的方法把掺有油脂的炭灰制成一块一块的。这就是人类历史上最早的肥皂。

下面我们再来认识三位细心的人。

伟大的物理学家艾萨克·牛顿坐在苹果园的椅子上，突然，一只苹果从树上掉了下来。他开始思索，想知道苹果为什么会掉下来。终于他发现了地球、太阳、月亮和星星是如何保持相对位置的规律。

一个名叫詹姆斯·瓦特的小男孩静静地坐在火炉边，观察着上下跳动的茶壶盖，他想知道为什么沉重的壶盖可以跳动，他从那时起就一直思考着这个问题。长大之后，他发明了蒸汽式发动机。

一个叫伽利略的人在意大利的大教堂内，对往复摆动的吊灯产生了浓厚的兴趣。后来，他从中得到了启发，终于发明了摆钟。

**人生感悟**

我们的社会之所以会不断地进步，就在于人类会思考，而思考来自于细心的观察。当你细心观察身边发生的事情时，你一定会有很多惊讶的发现，而这些发现往往正是你走向成功的开始。

## 抓住灵感的火花，把灵感进行到底

1947年2月的一天，拍立得公司的总经理兰德替女儿照相时，女儿不耐烦地问，什么时候可以见到照片。兰德耐心地解释，冲洗照片需要一段时间，说话时他突然想道：照相技术基本上犯了一个错误——为什么我们要等上好几个小时，甚至几天才能看到照片呢？

如果能当场把照片冲洗出来，这将是照相技术的一次革命。兰德必须掌握解决所有这些问题的方法。他以令人难以置信的速度开始工作。6个月之内，就把基本的问题解决了。

诚如他的一名助理所说：“我敢打赌，即使100个博士，10年间毫不间断地工作，也没有办法重演兰德的成绩。”这话毫不夸张。

但兰德自己无法解释他所经历过的发明过程。他相信人类和其他动物的基本区别就在人的创造能力。“你能想象吗？”他问，“一个猿猴发明一个箭头？”

很多人说，现代人已经在科学上找到一项新工具，能够代替人发明创造。他对这种说法感到十分不耐烦。他倒是相信，发明是人类很早就有的能力，只是至今还一点都弄不清楚它究竟是怎么回事。

“我发现，”兰德说，“当我快要找到一个问题的答案时，极重要的是，专心工作一段时间。在这个时候，一种本能的反应似乎就出现了。在你的潜意识里容纳了这么多可变的因素，你不能容许被打断。如果你被打断了，你可能要花上一年的时间才能重建这60个小时打下的基础。”

直到1946年，兰德的助手还只有寥寥几位。因为连年战争的关系，这些年轻的助手都没有受过正规的科学训练，尽管他们很聪明。说来也巧，他们几乎都是史密斯学院毕业的。他的一个最得力的助手是专门研究60秒照相技术的。

她是普林斯顿一位数学教授的女儿，名叫密萝·摩丝，摩丝小姐后来成为拍立得黑白底片研究部门的主任。兰德说她有许多重要的贡献，尤其在软片方面。

60秒照相技术所用的化学原料和技术等，是个商业秘密。他们在调制配方的时候，药瓶上只写代号。

60秒相机在1947年成功推出之后，兰德想尽快把它推销到市场去。难题是怎样推销。

兰德和他的助理还请来哈佛大学商业学院的市场专家，一起研讨对策，有一阵子还真想采取沿门推销的方式。但是后来，他们倒觉得用一般的销售方式就行了，他们请了一个声望很高的人来推销，他名叫何拉·布茨。

布茨一见兰德的照相机立即狂热起来。他在1948年加入拍立得公司，成为公司的副董事长之一，并且兼任总经理。他不只替拍立得带来响亮的名气，他个人在推销方面也显示了极高的才华。

他没有利用什么推销组织就把照相机卖了出去，他花的广告费用极少，似乎连在波士顿一地做广告都不够。

布茨跟他的推销主任罗勃曼想出了一个办法。他们在每个大城市选一家百货公司，给他们30天推销兰德照相机的专卖时间，条件是百货公司要在报纸上大做广告，拍立得只是从旁协助，而且要在百货公司里大张旗鼓地推销。

1948年11月26日，兰德照相机首次在波士顿一家大百货公司上市。大家争相抢购，以至于忙碌的店员，不小心把一些没有零件的展览品也卖了出去。这种销购势头促使拍立得大量生产。

布茨在迈阿密用了个别开生面的推销方法。他想到让那些来迈阿密度假的有钱人买照相机，因为他们来自美国各地，等他们回去的时候，无形中就成了兰德照相机的宣传员。

为了加强效果，布茨雇了一些妙龄女郎和一些救生员，在游泳池和海滩附近，使用兰德照相机照相，然后把照片送给那些吃惊的游客。几个星期之内，迈阿密商店里的兰德相机被抢购一空。

推销活动从一个城市移到另一个城市。尽管全国多数的照相机销售店冷淡地接受兰德相机，但拍立得1949年的销售额却高达668万美元，其中500万美元来自新相机和软片。

**人生感悟**

不要忽略我们生活中某些不经意间的想法，每一个想法都是大脑中灵感的火花，都有可能成为一个新的构想，抓住它不要放弃，你就可能会因此而成功。很多成功人士之所以能成功，正是因为他们能及时抓住很可能一闪即逝的灵感火花，并能把灵感进行到底。

# 为了将来不后悔，要好好把握生命中的一切

内德·兰塞姆是法国里昂最著名的牧师，无论在贫民窟还是富人区都享有很高的威望。他一生有一万多次在临终者面前，聆听他们的忏悔。

他84岁时，衰老得已无法再走近需要他的人。一天，一位老妇人来敲他的门，说她的丈夫快不行了，临终前很想见见他。兰塞姆不愿让这位老妇人失望，就在别人的搀扶下，来到了临终者的床前。

临终者是位布店老板，已72岁，年轻时曾经和著名的音乐家卡拉扬一起学吹小号。他说他很喜欢音乐，当时他的成绩远在卡拉扬之上，老师也非常看好他的前程。可惜20岁时他迷上了赛马，结果把音乐荒废了，否则他一定是一位出色的音乐家。现在生命快要结束了，一生庸碌，他感到非常遗憾。他告诉兰塞姆，到另一个世界后，如果再选择，他绝不会再干这种傻事，他请上帝宽恕他。兰塞姆很体谅他的心情，尽力安抚他，并告诉他，这次忏悔对牧师也很有启发。

后来，兰塞姆想把他的60多本日记编成书，内容全是这些人的临终忏悔，但不幸的是，书稿因里昂大地震而毁于一旦。这时兰塞姆已是90岁高龄了。兰塞姆去世后，被安葬在圣保罗大教堂。墓碑上工工整整地刻着他的手迹：假如时光可以倒流，世界上将有一半的人可以成为伟人。

**人生感悟**

有很多人，在年轻的时候往往不懂得珍惜，凡事随情随性，荒废了很多东西，到年纪大的时候想起来才感到后悔，但一切为时已晚。为了将来我们回忆往事的时候，不为自己以前虚度时光而悔恨，现在应该好好把握生命中的一切。

# 第十二章

# 低调处世，做人拒绝张扬

低调是一种智慧，蕴含着成熟与理性，积淀着沉静和豁达，彰显着优雅和洒脱，它是人类个性最高的境界之一；它是看开世事，放平心态，宽容待人，深谙方圆、进退之道的大智慧。人生原本就是一场充满艰难的修行，与其让自己处在风口浪尖，倒不如放平心态，低调做人。低调是一种豁达的人生态度，成熟的人懂得低调，言语谦和，举止内敛，不显山不露水，却在人际交往中进退自如，并最终成就自己的事业。

# 你可以不聪慧，但不能没原则

二战期间，有一个女孩子，流亡海外，无依无靠。幸运的是，她能讲一口流利的英语和法语。所以，她被英国特工组织看中，加入了英国的特工组织。

然而她并不适合特工工作，因为她性情急躁，所有的同事都认为，她做间谍无疑是为敌国送上一座秘密的宝藏。果然，几乎所有的训练过程都对她没有用处。

一次，组织让她拿一份敌国驻军图送给地下交通员。她到了接头地点后，怎么也想不起接头暗号，情急之下，她索性把地图展开，对着来来往往的人群进行试探：“你对这张地图感兴趣吗？”幸运的是，她很快遇上了两位地下交通员，他们扮作精神病人，迅速地掩盖了这个可怕而致命的错误。

不仅如此，她认为越是繁华的地段越是安全。于是，她自作主张，把秘密电台搬到了巴黎的闹市区，可她不知道，盖世太保的总部就在离她一街之远的地方。终于在一天夜里，盖世太保们把这个胆大妄为、正在发报的间谍逮捕了。

英国特工组织后悔不已，如果这个天真的姑娘在盖世太保的刑具下，毫无保留地说出一切，那么对在法国的特工组织将是一个重创。出乎意料的是，盖世太保们用尽了种种残酷的刑罚，都无法撬开她的嘴。

二战结束后，英国政府追授她乔治勋章和帝国勋章。

这样一个不称职的间谍，获得了英国政府的最高奖赏。对此，官方的解释是：对敌国而言，梦寐以求的是间谍的背叛，这等于无形的巨大宝藏。但这个很笨的女孩儿，到死都没有吐露一个字。一个人需要技巧和智慧，但最不能缺少的，是原则和信念。这就是一个间谍最本位、最出色的地方，所以我们从没怀疑她是一位优秀的间谍。

她的名字叫努尔，曾是一位印度王族的娇贵女儿。

**人生感悟**

原则是一个人做人的底线，无论遇到何种刁难与困境，有些原则必须坚守。

因为，你一旦放弃原则，就不再是你，甚至会使自己全线崩溃。

# 给别人留一点面子，为自己留一条退路

三国名将关羽，过五关、斩六将，温酒斩华雄，匹马斩颜良，偏师擒于禁，擂鼓三通斩蔡阳。“百万军中取上将之首级，如探囊取物耳。”

然而，这位叱咤风云、威震三军的一世之雄，下场却很悲惨，居然被吕蒙一个奇袭，兵败地失，被人割了脑袋。

关羽兵败被斩的最根本原因是蜀吴联盟破裂，吴主兴兵奇袭荆州。吴蜀联盟的破裂，原因很复杂，但与关羽其人的骄傲有着密切的关系。

诸葛亮离开荆州之前，曾反复叮嘱关羽，要东联孙吴，北拒曹操。但关羽对这一战略方针的重要性认识不足。他瞧不起东吴，也瞧不起孙权，致使吴蜀关系紧张起来。关羽驻守荆州期间，孙权派诸葛瑾到他那里，替孙权的儿子向关羽的女儿求婚，“求结两家之好”“并力破曹”。这本来是件好事，以婚姻关系维系补充政治联盟，历史上多有先例。如果放下高傲的架子，认真考虑一番，利用这一良机，进一步巩固蜀吴的联盟，将是很有益处的。但是，关羽竟然狂傲地说：“吾虎女安肯嫁犬子乎？”

不嫁就不嫁嘛，又何必如此出口伤人？试想这话传到孙权那里，孙权的面子如何挂得住？又怎能不使双方关系破裂？

关羽的骄傲，使自己吃了一个大大的苦果，被自己的盟友结束了生命。

我们在哀叹关羽的同时，应该深刻反思自己，要保持头脑清醒，防止忘乎所以，莫让关羽的悲剧在我们身上重演。

## 人生感悟

俗话说：蚊虫遭扇打，只为嘴伤人。以尖酸刻薄之言讽刺别人，只图自己嘴巴一时痛快，殊不知会引来意想不到的灾祸。人与人之间原本没有那么多的矛盾纠葛，往往只是因为有人逞一时之快，说话不加考虑，只言片语伤害了别人的自尊，让人下不来台，别人心中怎能不燃起一股怒火？有了机会，反咬一口，也是情理之中的事。

# 人生总有不如意，落井下石要不得

“患难之交才是真朋友”，这话大家都不陌生。晋代有一个人叫荀巨伯，有一次去探望朋友，正逢朋友卧病在床，这时恰好敌军攻破城池，烧杀掳掠，百姓纷纷携妻挈子，四散逃难。朋友劝荀巨伯：“我病得很重，走不动，活不了几天了，你自己赶快逃命去吧！”

荀巨伯却不肯走，他说：“你把我看成什么人了！我远道而来，就是为了来看你。现在，敌军进城，你又病着，我怎么能扔下你不管呢！”说完便转身给朋友熬药去了。

朋友百般苦求，叫他快走，荀巨伯却端药倒水安慰他说：“你就安心养病吧，不要管我，天塌下来我替你顶着！”

这时“砰”的一声，门被踢开了，几个凶神恶煞的士兵冲进来，冲着他喝道：“你是什么人？如此大胆，全城人都跑光了，你为什么不跑？”荀巨伯指着躺在床上的朋友说：“我的朋友病得很重，我不能丢下他独自逃命。”并正气凛然地说：“请你们别惊吓着我的朋友，有事找我好了。即使要我替朋友而死，我也绝不皱眉头！”敌军一听愣了，听着荀巨伯的慷慨言语，看看荀巨伯的无畏态度，很是感动，说：“想不到这里的人如此高尚，我们怎么好意思侵害他们呢。走吧！”说着，敌军撤走了。患难时体现出的正义能产生如此巨大的威力，不能不令人惊叹。

人的一生不可能一帆风顺，难免会失利受挫或面临困境，这时候最需要的就是别人的帮助，这种雪中送炭般的帮助会让人记忆一生。

德皇威廉一世在第一次世界大战结束时，可算得上是全世界最可怜的一个人，众叛亲离。他只好逃到荷兰去保命，许多人对他恨之入骨。可是在这时候，有个小男孩写了一封简短但流露真情的信，表达他对德皇的敬仰。这个小男孩在信中说，不管别人怎么想，他还是永远尊敬德皇。德皇深深为这封信所感动，于是邀请他到皇宫来。这个小男孩接受了邀请，由他母亲带着一同前往，他的母亲后来嫁给了德皇。

**人生感悟**　乘人之危、落井下石必定是内心卑鄙、阴险之人才会做的事，君子不因他人得意而谄媚，也不因他人失意而轻慢。

# 弯曲是生存的哲学，大丈夫要能屈能伸

孟买佛学院是印度最著名的佛学院之一，这所佛学院的特点是建院历史悠久，拥有灿烂辉煌的建筑，还培养出了许多著名的学者。还有一个特点是其他佛学院所没有的，这是一个极其微小的细节。但是，所有进入过这里的人，当他再出来的时候，几乎无一例外地承认，正是这个细节使他们顿悟，正是这个细节让他们受益无穷。

这是一个很简单的细节，只是人们都没有在意：孟买佛学院在它的正门一侧，又开了一个小门，这个小门只有1.5米高、0.4米宽，一个成年人要想过去必须弯腰侧身，不然就只能碰壁了。

这正是孟买佛学院给它的学生上的第一堂课。所有新来的人，教师都会引导他到这个小门旁，让他进出一次。很显然，所有的人都是弯腰侧身进出的，尽管有失礼仪和风度，却达到了目的。教师说，大门当然出入方便，而且能够让一个人很体面很有风度地出入。但是，很多时候，人们要出入的地方，并不是都有着壮观的大门，或者，有大门也不是随便可以出入的。这个时候，只有学会了弯腰和侧身的人，只有暂时放下尊贵和虚荣的人，才能够出入。否则，很多时候，你就只能被挡在院墙之外了。

孟买佛学院的教师告诉他们的学生，佛家的哲学就在这个小门里。其实，人生的哲学何尝不在这个小门里。人生之路，尤其是通向成功的路上，几乎是没有宽阔的大门的，所有的门都需要弯腰侧身才可以进去。

人生感悟 太刚易折，这是千古不变的真理。大丈夫在世必须要能屈能伸，一个不成熟的男人想为他所从事的事业光荣献身；一个成熟的男人则希望能为他所从事的职业“苟且”地活着。

# 小聪明可得一时之快，大智慧方可一世欢畅

战国时楚王的宠臣安陵君，能说会道，很受楚王器重。但他并不遇事张口就说，而是很讲究说话的时机。他有一位朋友名叫江乙，对他说：“您没有一寸土地，又没有至亲骨肉，然而身居高位，享受优厚的俸禄，国人见了您，无不整衣跪拜，无不接受您的号令，为您效劳，这是为什么呢？”

安陵君说：“这是大王太抬举我了，不然哪能这样！”

江乙便不无忧虑地指出：“用钱财相交的人，钱财一旦用尽，交情也就断了；靠美色相交的人，色衰则情移。因此，狐媚的女子不等卧席磨破，就遭遗弃；得宠的臣子不等车子坐坏，已被驱逐。如今您掌握楚国大权，却没有办法和大王深交，我暗自替您着急，觉得您的处境太危险了。”

安陵君一听，恍然大悟，毕恭毕敬地拜问江乙：“既然这样，请先生指点迷津。”

江乙说：“希望您一定要找个机会对大王说：‘愿随大王一起死，以身为大王殉葬。’如果您这样说了，必能长久地保住权位。”

安陵君说：“谨依先生之言。”

但是，过了很长时间，安陵君依然没有对楚王提起这话。江乙又去见安陵君，说：“我对您说的那些话，您为何至今不对楚王说？既然您不用我的计谋，我就不再管了。”

安陵君答道：“我怎敢忘却先生的教诲，只是一时还没有合适的机会。”

过了些时日，机会终于来了。楚王到云梦打猎，一箭射死了一头狂怒奔来的野牛。百官和护卫欢声雷动，齐声称赞。楚王也高兴得仰天大笑，说：

“痛快啊！今天的游猎，寡人何等快活！待寡人万岁千秋之后，你们谁能和我共有今天的快乐呢？”

此时，安陵君抓住机会，泪流满面地走上前来，说：“臣进宫就与大王同坐一席，出宫与大王同乘一车，如果大王万岁千秋之后，我愿随大王奔赴黄泉，变作芦草为大王阻挡蝼蚁，那便是臣最大的荣幸。”

楚王闻言，大受感动，对他更加宠信了。

**人生感悟**　做人要有高瞻远瞩的长远眼光，不要因为眼前的一时之宠就得意忘形，也不要为了时下的一点失利就一蹶不振。小聪明是翻不起大浪花的，大智慧才可保你一世成功。

## 不要为了讨好别人而改变自己

20世纪80年代，有位名叫安德森的模特公司的经纪人，看中了一位身穿廉价服装、不拘小节、不施脂粉的大一女生。

这位女生来自美国伊利诺伊州一个蓝领家庭，唇边长了一颗触目惊心的大黑痣。她从没看过时装杂志，没化过妆，要与她谈论时尚等话题，好比是对牛弹琴。

每年夏天，她就跟随朋友一起，在德卡柏的玉米地里剥玉米穗，以赚取来年的学费。安德森偏偏要将这位还带着田野玉米气息的女生介绍给经纪公司，结果遭到一次次的拒绝。有的说她粗野，有的说她恶煞，理由纷纭杂沓，归根结底是那颗唇边的大黑痣。安德森却下了决心，要把女生及黑痣捆绑着推销出去。他给女生做了一张合成照片，小心翼翼地把大黑痣隐藏在阴影里，然后拿着这张照片给客户看，客户果然满意，马上要见真人。真人一来，客户就发现“货不对版”，当即指着女生的黑痣说：“你给我把这颗痣拿下来。”

激光除痣其实很简单，无痛且省时，女生却说：“对不起，我就是不拿。”安德森有种奇怪的预感，他坚定不移地对女生说：“你千万不要摘下这颗痣，将来你出名了，全世界就靠着这颗痣来识别你。”

果然这个女生几年后红极一时，日入两万美元，成为天后级人物，她就是名模辛迪·克劳馥。她的长相被誉为“超凡入圣”，她的嘴唇被称作芳唇，芳唇边赫然入目的是那颗今天被视为性感象征的桀骜不驯的大黑痣。正如安德森所说，痣，成了她的标志。人们将她与玛丽莲·梦露相提并论。痣，不再是她的瑕疵；痣，正是辛迪的个性所在。她成为少男少女心中的偶像，她是少女们描绘未来的楷模。

有一天，媒体竟然盛赞辛迪有前瞻性眼光。辛迪回顾从前，一次次倒抽凉气，成名路上多艰辛，幸好遇上“保痣人士”安德森。如果她摘了那颗痣，就是一个通俗的美人，顶多拍几次廉价的广告，就会淹没在繁花似锦的美女阵营里面。暑期到来，可能还要站在玉米地里继续剥玉米穗，与虫子、蜗牛为伍，以赚取来年的学费。

**人生感悟** 一个人，即使驾着的是一只脆弱的小舟，但只要舵掌握在他的手中，他就不会任凭波涛的摆布，而有自己选择方向的主见。

# 做事可以失败，做人一定要成功

有一位出名的老锁匠一生修锁无数，技艺高超，收费合理，深受人们敬重。更主要的是老锁匠为人正直，每修一把锁他都告诉别人他的姓名和地址，说：“如果你家发生了盗窃，只要是用钥匙打开家门的，你就来找我！”

老锁匠老了，为了不让他的技艺失传，人们帮他物色徒弟。终于，老锁匠找到了两个合适的年轻人，准备把自己一身的本领传给其中一个。

一段时间以后，两个年轻人都学会了不少东西。但两个人中只有一个能得到真传，老锁匠决定对他们进行一次考试。

老锁匠准备了两个保险柜，分别放在两个房间，让两个徒弟去打开，谁花的时间短谁就是胜者。结果大徒弟用了不到10分钟就打开了保险柜，而二徒弟却足足用了半小时，大家都以为是大徒弟赢了。老锁匠问大徒弟：“保险柜里有什么？”大徒弟眼中放出了亮光：“师傅，里面有很多钱，全是百元大钞。”老锁匠问二徒弟同样的问题，二徒弟支吾了半天说：“师傅，我没看见里面有什么，您只让我打开锁，我就打开了锁。”

老锁匠十分高兴，郑重宣布二徒弟为他的正式接班人。大徒弟不服，众人不解，老锁匠微微一笑说：“不管干哪一个行业都要讲究一个‘信’字，尤其是我们这一行，要有更高的职业道德。我的传人会是一个技艺高超的锁匠，但他必须做到心中只有锁而无其他。否则，心有私念，稍有贪心，登门入室或打开保险柜取钱易如反掌，最终只能害人害己。我们修锁的人，每个人心上都要有一把不能打开的锁。”

**人生感悟**　做人做事永远本着“不在其位，不谋其政”的原则，这就要求我们永远只做自己该做的。

## 遇事多思考，切莫被眼前的景象打乱阵脚

曾国藩带湘军围剿太平天国时，清廷对其是一种极为复杂的态度：不用这个人吧，太平天国声势浩大，无人能敌；用吧，一则是此人手握重兵，二则曾国藩的湘军是曾一手建立的子弟兵，怕对朝廷形成威胁。在这种思想下，对曾国藩的任用经常是用你办事，不给高位实权。苦恼的曾国藩急需朝中重臣为自己撑腰说话，以消除清廷的疑虑。

一日，曾国藩在军中得到胡林翼转来的肃顺的密函，得知这位精明干练的顾命大臣在西太后面前荐自己出任两江总督。曾国藩大喜过望，咸丰帝刚去世，太子年

幼，顾命大臣虽说有数人之多，但实际上是肃顺独揽权柄，有他为自己说话，再好不过了。

曾国藩提笔想给肃顺写封信表示感谢。但写了几句，他就停下了。他知道肃顺为人刚愎自用，很有些目空一切的味道，用今天的话来说，就是有才气也有脾气。他又想起西太后，这个女人现在虽没有什么动静，但绝非常人，以曾国藩多年的阅人经验来看，西太后心志极高，且权力欲强，又极富心机。肃顺这种专权的做法能持续多久呢？西太后会同肃顺合得来吗？

思前想后，曾国藩没有写这封信。后来，肃顺被西太后抄家问斩。在众多官员讨好肃顺的信件中，独无曾国藩的只言片语。

**人生感悟** 关键时刻要多思考，以免日后为自己添麻烦。

# 帮助他人，也要讲究方法策略

有一家卖布丁的商店，每年到圣诞节的时候就将许多美味布丁摆放成一排。你可以选择最适合你口味的布丁，他们甚至还允许你先品尝，再做决定。

海特常常想，会不会有些根本不打算买布丁的人利用这个优惠的机会白吃呢？有一天，他向女店员提出了这个问题，得知的确有这样的事情。

“有这样一位老先生，”她说，“他几乎每星期都来这儿尝一尝每一种布丁，尽管他从来不买什么，而且，我怀疑他永远也不会买。我从去年，甚至前年就记住他了。唉，如果他想来就让他来吧，我们也欢迎。而且，我希望有更多商店可让他去品尝布丁。他看上去好像确实需要这样，我想大家都不会在乎的。”

就在她正跟海特说着话的时候，一位上了年纪的先生一瘸一拐地来到柜台前，开始兴致勃勃地仔细打量起那一排布丁。

“哎，那就是我刚刚跟你说的那位先生，”女店员轻轻地对海特说，“现在你就看着他好了。”说完，又转身对老先生说：“您想尝尝这些布丁吗，先生？您就用这把调羹好了！”

这位老先生衣着破旧，但很整洁。他接过调羹，开始急切地一个接一个地品尝布丁，只是偶尔停下来，用一块大大的手绢擦擦他发红的眼睛。

海特看到他的手绢已经完全破了。

“这种不错。”

“这种也很好，但稍稍油腻了一点。”

海特想：看起来，他真诚地相信自己最终会买下一个布丁。他一点也不觉得自己是在欺骗商店。可怜的老头！也许他过去有钱来挑选自己最爱吃的布丁，如今他已家境破落，所能做到的也只是这样品尝品尝了。

海特突然动了同情心，他走到老人跟前说：

“对不起，先生，能赏个脸吗？让我为您买一只布丁吧。这会让我深感欣慰的。”

听完海特的话，老先生好像被刺了一下似的往后一跳，热血冲上他那布满皱纹的脸。

“对不起，”他说，他的神态比海特根据其外表想象出的要高傲得多，“我想我跟您并不相识。您肯定是认错人了。”

说完，老先生转身对女店员大声说道：“劳驾，把这只布丁替我包好，我要带走。”他指了指最大的也是最贵的一只布丁。

女店员从架子上取下布丁，开始打包。这时，他掏出一只破旧的黑色小皮夹子，开始数起他那些零散而少得可怜的钱来，然后将它们放到柜台上。

**人生感悟**

不尊重别人的自尊心，就好像一颗经不住阳光的宝石。一个真正会助人的人，在帮助他人时绝不会表现得像一个高高在上的施予者。

# 第十三章

# 拒绝平庸，做最好的自己

珍爱自己，让个性伴随你，自信地站在自己的位置上，给苍白的四周以绮丽，给庸俗的日子以诗意，给沉闷的空气以清新。每日拭亮一个太阳，用大自然的琴弦，奏响自己喜爱的心曲，大声宣告：我就是一道风景。

人生之路上，自己既是同行者，又是挑战者。失去了自己这个对手，也许将失去一切。挑战我，战胜我，超越我吧！

# 产生畏难情绪时，要强迫自己坚持下去

有一个叫戴维的年轻人很喜欢写作，朋友们都认为他很有才能，但不知道他为什么不能靠写作维持自己的生活。

年轻人认为，他必须先有了灵感才能开始写作，作家只有感到精力充沛、创造力旺盛时才能写出好的作品。为了写出优秀作品，他觉得自己必须等待情绪来了之后，才能坐在电脑前开始写作。如果他某天感到情绪不高，那就意味着他那天不能写作。

不言而喻，要具备这些理想的条件并不是有很多机会的，因此，他也就很难感到有多少好情绪使他得以成就任何事情，也很难感到有创作的欲望和灵感。这便使他的情绪更为不振，更难有好情绪出现，因此也越发地写不出东西来。

通常，每当他想要写作的时候，他的脑子就变得一片空白。这种情况使他感到害怕。所以，为了避免瞪着空白纸页发呆，他就干脆离开电脑。他去收拾一下花园，把写作忘掉，心里马上就好受些。他也用其他办法来摆脱这种心境，比如去打扫卫生间，或去刮胡子。

但是，对他来说，在盥洗间刮胡子或在花园里种花，都无助于在白纸上写出文章来。

后来，他借鉴了某著名作家的一条经验。这条经验是："对于'情绪'这种东西可不能心软。从一定意义上来说，写作本身也可以产生情绪。有时，我感到疲惫不堪、精神全无，连5分钟也坚持不住了；但我仍然强迫自己坚持写下去，而且不知不觉地在写作的过程中，情况完全变了样。"

他认识到，要完成一项工作，必须待在能够实现目标的地方才行。要想写作，就非在电脑前坐下来不可。

经过冷静的思考，他决定马上开始行动起来。他制订了一个计划：起床的闹钟定在每天早晨7点钟，到了8点钟便可以坐在电脑前。他的任务就是坐在那里，一直坐到他在纸上写出东西。如果写不出来，哪怕坐一整天，也在所不惜。他还定了一个奖惩办法：早晨打完一页纸才能吃早饭。

第一天，他忧心忡忡，直到下午2点钟他才打完一页纸。第二天，戴维有了很大进步。坐在电脑前不到2小时，他就打完了一页纸，较早地吃上了早饭。第三天，他很快就打完了一页纸，接着又连续打了五页纸，才想起吃早饭的事情。

最后，他的作品终于完成了。后来，他成了一位小有名气的作家。

人生感悟　有很多事情的确需要好的情绪才能做好，但有这种好情绪的时候往往并不多。不要等待好情绪的出现，因为越等待拖延的时间就越长。最好的办法是：强迫自己坚持做下去。

## 接受不幸不如接受挑战，相信命运不如相信自己

威尔逊先生是一位成功的商业家，他从一个普普通通的事务所小职员做起，经过多年的奋斗，终于拥有了自己的公司、办公楼，并且受到了人们的尊敬。

这一天，威尔逊先生从他的办公楼走出来，刚走到街上，就听见身后传来“嗒嗒嗒”的声音，那是盲人用竹竿敲打地面发出的声响。威尔逊先生愣了一下，缓缓地转过身。

那盲人感觉到前面有人，连忙打起精神，上前说道：“尊敬的先生，您一定发现我是一个可怜的盲人，能不能占用您一点点时间呢？”

威尔逊先生说：“我要去会见一个重要的客户，你要说什么就快说吧。”

盲人在一个包里摸索了半天，掏出一个打火机，放到威尔逊先生手里，说：“先生，这个打火机只卖1美元，这可是最好的打火机啊。”

威尔逊先生听了，叹口气，把手伸进西服口袋，掏出一张钞票递给盲人：“我不抽烟，但我愿意帮助你。这个打火机，也许我可以送给开电梯的小伙子。”

盲人用手摸了一下那张钞票，竟然是一百美元！他用颤抖的手反复抚摸这张钱，嘴里连连感激着：“您是我遇见过的最慷慨的先生！仁慈的富人啊，我为您祈祷！上帝保佑您！”

威尔逊先生笑了笑，正准备走，盲人拉住他，又喋喋不休地说：“您不知道，我并不是一生下来就瞎的。都是23年前布尔顿的那次事故！太可怕了！”

威尔逊先生一震，问道：“你是在那次化工厂爆炸中失明的吗？”

盲人仿佛遇见了知音，兴奋得连连点头：“是啊是啊，您也知道？这也难怪，那次爆炸光炸死的人就有93个，伤的人有好几百，可是头条新闻啊！”

盲人想用自己的遭遇打动对方，争取得到一些钱，他可怜巴巴地继续说道：“我真可怜啊！到处流浪，孤苦伶仃，吃了上顿没下顿，死了都没有人知道！”

他越说越激动：“你不知道当时的情况，火一下子冒了出来！仿佛是从地狱中冒出来的！逃命的人群都挤在一起，我好不容易冲到门口，可一个大个子在我身后大喊：‘让我先出去！我还年轻，我不想死！’他把我推倒了，踩着我的身体跑了出去！我失去了知觉，等我醒来，就成了盲人，命运真不公平啊！”

威尔逊先生冷冷地说道：“事实恐怕不是这样吧？”

盲人一惊，用空洞的眼睛呆呆地对着威尔逊先生。

威尔逊先生一字一顿地说：“我当时也在布尔顿化工厂当工人，是你从我的身上踏过去的！你长得比我高大，你说的那句话，我永远都忘不了！”

盲人站了好长时间，突然一把抓住威尔逊先生，爆发出一阵大笑：“这就是命运啊！不公平的命运！你在里面，现在出人头地了，我跑了出去，却成了一个没有用的盲人！”

威尔逊先生用力推开盲人的手，举起了手中那根精致的棕榈手杖，平静地说：“你知道吗？我也是一个盲人。你相信命运，可是我不信。”

## 人生感悟

很多事实都证明，接受不幸、屈服于命运的人，最终会成为命运的奴隶；纵然遭遇不幸，却能积极地挑战不幸、不屈服于命运的人，一定能战胜不幸，获得成功。

# 没有思想和主见，一切学识和经验都毫无价值

一家大公司需要招聘办公室副主任，在省城的好几家报纸上登出了“高薪诚聘”内容的广告。月薪4000元的确具有不小的诱惑力，一时间应者云集，有近百人报名参加初试，其中不乏硕士生和许多有工作经验者。

初试之后，又经过了三轮面试，最后确定由三人参加最后一轮面试。他们是：一个硕士毕业生、一个应届本科毕业生和一个有着5年相关工作经验的年轻人。

最后的面试由总经理亲自把关：跟三位应聘者逐个进行交谈。

面试的房间是临时腾出来的，设在人事部的一间小办公室里。谈话要开始了，才发现室内恰好少了一把供应聘者坐下来跟总经理交谈的椅子。办事人员正要到隔壁办公室去借一把椅子，总经理挥手制止了他：“别去了，就这样吧！”

第一位进来的是那位硕士生。总经理对他说的第一句话是：“你好，请坐。”他看着自己周围，发现并没有椅子，充满笑意的脸上立即现出了些许茫然和尴尬。

“请坐下来谈。”总经理又微笑着对他说。他脸上的尴尬显得更浓了，有些不知所措，略作思索，他谦卑地笑着说：“没关系，我就站着吧！”

接下来就轮到年轻人，他环顾左右，发现并没有可供自己坐的椅子，也是一脸谦卑地笑：“不用了，不用了，我就站着吧！”

总经理微笑着说：“还是坐下来谈吧！”

年轻人很茫然，回头看了看身后，“可是……”

总经理似乎恍然大悟，说：“啊，请原谅我们工作上的疏忽。那好，你就委屈一下，我们站着谈吧！不过，很快就完的。”

几分钟后，那个应届毕业生进来了。总经理的第一句话仍然是：“你好，请坐。”

大学生看看周围没有椅子，愣了一下，立即微笑着请示总经理：“您好，我可以把外面的椅子搬一把进来吗？”

总经理脸上的笑容舒展开来，温和地说："为什么不可以？"

大学生就到外面搬来了一把椅子坐下来，和总经理有礼有节地完成了后面的谈话。

最后一轮面试结束后，总经理留用了这位应届的大学毕业生。

总经理的理由很简单：我们需要的是有思想、有主见的人，没有自己的思想和主见，一切的学识和经验都毫无价值。

事实也证明总经理的判断准确无误。仅仅半年之后，应届毕业生就坐到了总经理助理的位置上，成为公司中最年轻的高层管理人员。

**人生感悟** 做任何事情都需要我们有思想、有主见，这样才能充分发挥自己的主动性和创造性。如果一个人没有自己的思想和主见，那么，一切学识和经验都毫无价值。

## 做事最怕没创意，有创意的东西才能引起关注

日本冈山市有一栋非常漂亮气派的5层钢筋水泥大楼。这栋大楼就是条井正雄所拥有的冈山大饭店。然而，谁也没想到，这位当年身无分文的条井正雄却盖起了这栋大楼。

条井以前是一家银行的贷款股长，一直负责办理饭店、旅馆业贷款的工作。10年的工作，使他不知不觉成了一个对旅馆经营知识十分丰富的人，这时他心里自然也产生了经营旅馆的欲望。为了求得更完善的方案，他实地作过精密的调查，调查结果是来冈山市的旅客，有97%是为商务而来的。然后，他又在公路边站了三个月，调查汽车来往情况，得出每天汽车流量有900辆，平均每辆车约坐2.7人。然而当时，冈山市的旅馆却没有一家有像样的停车场设施。他想，将来新盖的饭店，必须具有商业风格，而且附设广阔的停车场，以此来吸引旅客。他又花费一年时间，制成几张十分阔气的饭店设计图纸和一份经营计划书。抱着试试看的态度到冈山市最大的建筑公司碰运气。

一位主管看了他的设计后，问条井："你准备了多少资金来盖这栋大楼？"

"我一分钱也没有，我想，先请你们帮我盖这栋大楼，至于建筑费等我开业之后，分期付给你们。"条井泰然自若地回答。

"你简直是在做白日梦，真是太天真了，请你把这个设计图拿回去吧！"

"这几张图纸和计划书是我花了两年时间完成的，我认为很完整。请你们详细研究，我以后再来讨教！"条井没有说更多的话，把设计图丢在那里，掉头就走。

半个月后，奇迹发生了，这个建筑公司约他去面谈。该公司的董事和经理齐聚一堂，从上午8点谈到下午4点，一个接一个地问话，各式各样的提问，那种场面真令人心惊肉跳。然而，令人难以相信的事终于发生了：建筑公司决定花两亿日元替这位身无分文的先生盖饭店。

一年后饭店落成了，条井成了老板。这就是创意所带来的巨大成功。

## 人生感悟

创意是一种找出问题，改进方法的能力。做事最怕没创意，只有有创意的东西才能从众多的同类事物中脱颖而出，引起人们的关注。发挥创意并不仅仅局限于艺术领域，各项事业的成功都需要充分运用我们的创意。

# 认识并相信自己，才能更好地发挥潜能

梅尔文·亚班斯从事的是培养推销员的工作，但他最擅长的是激发每个人都具有的潜能。他负责把某人从不能发挥特长的工作岗位，调到更能发挥才能的职位上，而且往往都会获得非常好的成效。他称自己从事的工作是“人类改造业”。他相信能在人们身上发掘出未开发的潜能，并帮助人们实现自身的发展。

有一个叫杰克的青年，担任非常呆板的事务性工作。他很有才能，擅于交际，待人和善，工作认真，他经常提出促进生产的新构想。不仅如此，他还能很好地激励周围的人奋发向上。亚班斯很钦佩杰克，认为他还有许多未开发出来的潜能，于是就问他：“你认为这家公司如何？”

“我认为它是世界上最好的公司，能在这里工作对我是很大的鼓励，我准备成为公证会计师。”

亚班斯这样对他说：“让我说出我对你的看法吧！也许你会惊讶，你有非常好的推销天分。你热爱公司的产品，如果负责销售，你一定能获得最好的成绩，不论对公司或对你自己都能带来很大的利益。”

这意外的建议使杰克惊讶极了，很自然地流露出了他的另一面，那就是不安与缺乏信心。

“不，我对现在的工作很满意，我已经驾轻就熟，就像在自己的家里一样，改变工作可能会让我变成离水的鱼，我不可能改行做推销员。”他说出对自己的否定性评价，对离开安定的岗位显得很不安。

可是，亚班斯非常坚持：“你并不了解你自己。你现在最需要的是不要怀疑，对自己要有信心，必须了解真正的自己。”亚班斯的热忱终于使杰克答应接受推销术的培训。后来连他自己都觉得惊讶，因为他对推销工作非常感兴趣。

讲习班的讲师对亚班斯说：“你发现了一位可以说是天生的推销员。只是他本人还缺乏信心。”“不久他就会有信心的。”亚班斯回答道。

杰克到外面去实际访问客户的一天终于来临了，他非常紧张。亚班斯对他说：“我也一道去吧。在你负责的部分地区我可以和你一起。”

亚班斯把新推销员杰克带到成交可能性较大的顾客那里去。杰克发挥了他的社交特长，对方相当满意。他很仔细地观察亚班斯为他示范的推销法，在两人一道进行访问的过程中，杰克获得了宝贵的启示。亚班斯也把自己的信念与自信植入杰克的心中。不久，杰克真正相信自己的能力了，他改变了对自己的看法，产生了成就感，越来越喜欢这项工作。

有一天，亚班斯对这位新推销员表示，以后不能和他一起出去了，他必须自己一个人去面对客户，接着给他打气说："保持热忱，待人温和，对公司的产品和自己要有信心。"

"我一个人也做得来。"杰克带点不安地低声回答道。

"你绝不会孤独的。"亚班斯鼓励他。

后来，杰克发挥他的潜能获得了成功。亚班斯的判断没有错。

**人生感悟**

在现实生活中，有很多人不能正确认识自己，这就使得他们缺乏自信，无法充分发挥自己的才能。一个人是不能没有自信的，自信是令人难以置信的力量产生的源泉。一个人拥有了自信，便拥有了成功的前提。

## 甩掉自卑的包袱

从前，在夏威夷有一对双胞胎王子。有一天，国王想为大王子娶媳妇，便问他喜欢怎样的女性。

大王子回答："我喜欢瘦的女孩子。"

知道了这消息的岛上年轻女性想："如果顺利的话，或许能攀上枝头做凤凰。"于是大家争先恐后地开始减肥。

不知不觉，岛上几乎没有胖的女性了。不仅如此，因为女孩子一碰面就竞相比较谁更苗条，甚至出现了因为营养不良而得重病的情况。

后来却出现了意外的情况——大王子因为生病一下子就过世了，因此仓促决定由弟弟来继承王位。

于是国王又想为小王子娶媳妇，便问他同样的问题。"现在女孩都太瘦弱了，而我比较喜欢丰满的女性。”小王子说。

知道消息的岛上年轻女性，开始竞相大吃特吃，于是，岛上几乎没有瘦的女性了，但岛上的食物也被吃得匮乏，甚至连为预防饥荒的粮食也几乎被吃光了。

最后王子所选的新娘，却是一位不胖不瘦的女性。

王子的理由是：“不胖不瘦的女性，更显青春健康。”

人生感悟

自卑感在每个人身上都或多或少地存在，但我们不应被自卑吓倒，而应超越自卑，让它升华为良好品格：谦虚谨慎，不骄不躁，并转化成进取的动力。只有这样，你才会活得开心，活得顺利，你的人生才会充满希望。

## 勇于出新出奇，才会有更多成功的机会

风光优美、气候宜人的奥地利，是各国游客喜欢观光的胜地。就在某处青山和绿茵的环抱中，有家名为特里页辛格霍夫的酒店首创世界之最——“婴儿酒家”，吸引了成千上万的国内外游人，生意极为兴隆。

那么，这个“婴儿酒家”是谁的创意呢？说来话长。这家酒店原是一位女老板经营，后来她病逝。店务就落在她那个29岁的儿子西格弗里德的身上。新老板很想革故鼎新，搞些新名堂，用以开拓自己的事业。

一天，一位朋友满面春风地来探望他，告诉他自己成为父亲了。望着朋友容光焕发的笑脸，西格弗里德怦然心动，一个崭新的生意经从脑海中跳出来。他对朋友说：“我想把这家普通酒店改成一家婴儿酒家。我特地邀您夫妇带着小孩两星期后光临，在此度过一段美妙的休假。”朋友欣然答应。

于是酒店立即投入改装、施工。亲友们很不理解西格弗里德的新名堂，指责道：“婴儿会喝酒吗？你年纪轻轻办事不牢靠，不要把你母亲多年辛苦经营留下的产业败光了啊！”

西格弗里德申辩道："我命名它为'婴儿酒家'，宗旨是'小客人快乐第一'，其实更是为年轻的父母们服务的呀。"

亲友们还是不理解，都说他异想天开，肯定是个败家子。西格弗里德不再搭理，督促工匠们加快工作进度：在两星期的停业改修中，他为酒店添置了许多婴儿床、高脚椅和各式玩具，新辟了小客房、游乐室、婴儿酒吧和水上单车，并聘用了三位经过专业训练的合格护士，以备安排24小时轮流值班，看护各个房间的小客人。每间小客房都要安装与服务台大厅连接的警铃，要是婴儿哭了或醒了，正在饮酒、跳舞或打高尔夫球的年轻父母就能及时赶去探望。

"婴儿酒家"终于如期开张。第一批前来娱乐度假的顾客中就有那位带着妻儿的朋友。他们为这独树一帜的酒家迷住了，极其舒畅地度过了一段终生难忘的日子。回去后，他们有意无意地为这世界之最的酒家做义务广告宣传员。于是，该店常常爆满。年轻的父母为了品味这家酒店的新奇和美妙，纷纷上门或预约房间。西格弗里德又及时根据生意行情，购买了更多的玩具、婴儿床、尿壶、拉屎座椅等，终于把婴儿酒家办成一座令婴儿及其父母流连忘返的儿童乐园。

## 人生感悟

我们知道，因循守旧会导致故步自封，只有推陈出新才能有所发展。要善于抓住在头脑中一闪而过的灵感，如果可行就要立刻去做，不要在乎别人的看法，因为这往往就是一个获取成功的绝好机会。

# 第十四章

# 幸福掌握在自己手中

“幸福”是一个深切而又绵长的词，它总是让人参悟不透、体味不深。找寻幸福是生命的至高理想，品味幸福却是一种人生智慧。

当幸福锁上大门，请找到破解幸福密码的那把钥匙，用你的心去开启它，你会发现原来幸福如此简单、如此美好……

偶尔我们会困惑什么才是幸福，怎样才能握紧幸福。其实幸福有很多种存在形式，有时甚至很简单，只需你用真心去体会那每一种存在，就会破解幸福的密码。

# 信念是幸福人生的航道

唐代的百丈禅师，曾制定《百丈清规》，并笃实奉行，“一日不作，一日不食”，一面修行，一面劳作。他年老时仍然照常操作，弟子们于心不忍，偷偷地把他的农作工具藏匿起来。禅师找不到工具，那一天没工作，但是那一天他也就真的没吃东西。百丈禅师为何能精勤不休？是因为他的信念和抱负鞭策着他。

清末时，梨园中有“三怪”，声名远播。

跛子孟鸿寿，幼年身患软骨病，身长腿短，头大脚小，走起路来不能保持身体平衡。于是，他暗下决心，勤学苦练，扬长避短，后来一举成为丑角大师。

瞎子双阔，自小学戏，后来因疾失明，从此他更加勤奋学习，苦练基本功，他在台下走路时需人搀扶，可是上台表演却寸步不乱，演技超群，终于成为一名功深艺湛的武生。

哑巴王益芬，先天不会说话，平日看父母演戏，一一默记在心，虽无人教授，但他每天起早贪黑练功，常年不懈。艺学成后，一鸣惊人，成为戏园里有名的武花脸，被戏班奉为导师。

身有残疾的梨园“三怪”，为什么能够成才呢？一是他们不被自己的缺陷所压服，身残的压力让他们更加坚定了人生的信念。看似失败的人生，实际

还有通向成功的途径。他们身残志坚、扬长避短，再加上勤奋，于是他们从勤奋中锻造了最好的自己，同时也成就了一番事业。

**人生感悟**　抱着坚定的信念，铁树也有可能开花。信念，为幸福人生指明了航道。

## 专注、执着，幸福之本

专注、执着是一种信念，是一种忘情和忘我的投入。

一位伟人说，一个人的一生只能做好一件事。可是，并不是任何人的一生都能做好一件事，这里边固然有诸如才智、环境、机遇等方面的因素，但主要还是缺少对所追求事物的投入。

这世上，专注者往往默默无闻，普通得如田野里耕作的农人和车间里生产的工人，谦卑得如郊外的草树、如山谷里不为人知的流水。但是，他们还有一个共同的特点，就是对自己所追求的事业具有献身精神，能够把自己的时间和精力都投入其中。

学者梁实秋曾断断续续用30余年的时间独自完成了《莎士比亚全集》的翻译工作，投入了几乎半生的精力。开始，梁实秋共物色了5个人担任翻译，他和闻一多、徐志摩、陈西滢、叶公超，计划5至10年完成。后来，另外四人临阵退出，梁实秋便一个人把任务承担下来。人生的遭遇是任何人都难以预料的，他在抗战爆发前完成8部莎翁剧作的翻译工作。“七七事变”后，为了躲避日寇的通缉，他不得不逃离北京，在极其艰苦的环境下，继续进行对莎翁剧作的翻译。抗战胜利后，梁实秋回到北京，在北京师范大学任教，课余之暇，他依然坚持莎翁剧作的翻译工作。1967年，由梁实秋独立翻译的莎士比亚37种作品的中文译本全部出齐，在国内大学界引起了轰动。梁实秋回忆说：“我翻译莎氏，没有什么报酬可言，穷年累月，其间也很少得到鼓励……”梁实秋的成功，得益于他对这一工作的执着精神，得益于他一心一意的投入。任何事情都需要投入，要想成就大事就更是要锲而不舍地投入。

专注是“语不惊人死不休”的豪情，是“为伊消得人憔悴”的投入，是“十年磨一剑”的等待。所以，荀子在《劝学》中说：“锲而舍之，朽木不折；锲而不舍，金石可镂。”古今成大事者，大都具有这份执着精神。

人生感悟

执着的信念，能帮助我们挖掘出深藏在自身的无穷力量。让我们铭记爱因斯坦的名言：“真正有价值的东西不是出自雄心壮志或单纯的责任感，而是出自对人和对客观事物的热爱与专心。”

# 情感需要分享

一位犹太教的长老酷爱打高尔夫球。

在一个安息日，他觉得手痒，很想去挥杆，但犹太教规定，信徒在安息日必须休息，什么事都不能做。

这位长老实在忍不住，决定偷偷去高尔夫球场，想着打9个洞就好了。

由于安息日犹太教徒都不会出门，球场上一个人也没有，因此长老觉得不会有人知道他违反规定。

然而，长老在打第二洞时，却被天使发现了，天使生气地到上帝面前告状，说某某长老不守教义，居然在安息日出门打高尔夫球。

上帝听了，就跟天使说，会好好惩罚这个长老。

第三个洞开始，长老打出超完美的成绩，几乎都是一杆进洞。

长老兴奋莫名，到打第七个洞时，天使又跑去找上帝：上帝呀，你不是要惩罚长老吗？为何还不见有惩罚？

上帝说：我已经在惩罚他了。

直到打完第九个洞，长老都是一杆进洞。

因为打得太神乎其技了，于是长老决定再打9个洞。

天使又去找上帝了：到底惩罚在哪里？

上帝只是笑而不答。

打完18洞，成绩比任何一位世界级的高尔夫球手都优秀，这把长老乐坏了。

天使很生气地问上帝：这就是你对长老的惩罚吗？

上帝说：正是。你想想，他有这么惊人的成绩以及兴奋的心情，却不能跟任何人说，这不是最好的惩罚吗？

## 人生感悟

快乐和痛苦都要有人分享。没有人分享的人生，无论面对的是快乐还是痛苦，都是一种惩罚。我们常有这样的体验：当我们因为某一件事而快乐或者痛苦时，都要迫不及待地告诉亲人或者朋友，让他们分享快乐或者从他们那里寻求安慰。其实，人的内心都有脆弱、孤独的一面，大喜大悲都难以独自承受。如果没有分享，快乐便不再是快乐，痛苦却变得更加痛苦。

# 再尝试一次，幸福就在门后

许多时候，失败、打击接踵而至，但即便如此，你也不能放弃、不能退缩。因为只有采取积极进取的态度，吸取值得吸取的教训，才能克服困难，战胜挫折；才能获得成功，找到幸福。

无论是在各种比赛和竞争中，还是在升学求职、在事业上，我们都要在挫折面前采取积极的态度。无论你遇到了怎样的艰难困苦，特别是在遇到巨大的精神压力的时候，你都要顽强地活下去。

如果你对未来失去了信心，那么一切都将是另外一种情景和结果。

对未来幸福的追求，是人生中绝对不可缺少的东西，它是人生的动力，是人生的精神支柱，是人生理想中的永恒的内容。有追求就有希望。

唐代僧人鉴真5次东渡日本失败，但他并没有犹豫，也没有就此罢休，仍不改初衷。后来他不顾众人劝阻，训练船工，做了充分的准备，又于公元735年，以66岁高龄，置双目失明于不顾，毅然进行了第6次东渡。最后舰队终于冲破了东海的惊涛骇浪，成功到达日本，鉴真最终成为一代高僧。

在实现幸福的征程中，人人都会遇到各种挫折。只有尽自己的最大努力，克服困难，战胜挫折，才能获得成功。

当然，并不是人人都能够达到自己预期的目标，有的人甚至终生一事无成。

但即使这样，只要尽到了努力，在反省自己时，也会因内心感到宁静而幸福。无论如何，尽了自己的最大努力，我们的生命就是无憾无悔的。

**人生感悟** 成功常躲在“不可能”的门后，只要你对未来抱有希望，幸福就会降临到你的身上。

# 人生的冷遇也是一种幸运

有时候，白眼、冷遇、嘲讽会让弱者低头走开，但对强者而言，这也是另一种幸运和动力。

美国人常开玩笑说，是一位布朗小姐的厚此薄彼，才刺激“造就”了一位美国总统。

原来故事是这样的。

读高中毕业班时，查理·罗斯是最受老师宠爱的学生。他的英文老师布朗小姐，年轻漂亮，富有吸引力，是校园里最受学生欢迎的老师。同学们都知道查理深得布朗小姐的青睐，他们在背后笑他说，查理将来若不成为一个人物，布朗小姐是不会原谅他的。

毕业典礼上，查理走上台去领取毕业证书时，受人爱戴的布朗小姐站起身来，当众吻了一下查理，给他来了个出人意料的祝贺。

当时，人们本以为会发生哄笑、骚动，结果却是一片静默和沮丧。

许多毕业生，尤其是男孩子们，对布朗小姐这样不怕难为情地公开表示自己的偏爱感到愤恨。不错，查理作为学生代表在毕业典礼上致告别词，也曾担任过学生年刊的主编，还曾是“老师的宝贝”，但这就可以使他获得如此之高的荣耀吗？典礼结束后，几个男生包围了布朗小姐，为首的一个质问她为什么如此明显地冷落别的学生。

“查理是靠自己的努力赢得了我的赏识，如果你们有出色的表现，我也会吻你们的。”布朗小姐微笑着说。

男孩们得到了些安慰，查理却感到了更大的压力。他已经引起了别人的嫉妒，并成为少数学生攻击的目标。他决心毕业后一定要用自己的行动证明自己值得布朗小姐报之一吻。毕业后的几年内，他异常勤奋，先进入了报界，后来终于大有作为，被杜鲁门总统亲自任命为白宫负责出版事务的首席秘书。

当然，查理被挑选担任这一职务也并非偶

然。原来，毕业典礼后带领男生包围布朗小姐，并告诉她自己感到受冷落的那个男孩子正是杜鲁门本人。

查理就职后的第一件事，就是接通布朗小姐的电话，向她转述美国总统的问话：“您还记得我未曾获得的那个吻吗？我现在所做的能够得到您的吻吗？”

生活中，当我们遭到冷遇时，不必沮丧，不必愤恨，唯有尽全力赢得成功，才是最好的答复与反击。

**人生感悟** 对冷遇说声“感谢”吧，它是另一种动力和幸运。

## 扼住命运的咽喉，才是命运的主人

要改变命运，就必须让自己成为命运真正的主人，因为生活的主人是自己。

让我们来重温一下“乐圣”的故事：

经过多年的勤学苦练，贝多芬逐渐成长为一名优秀的音乐家，创作了数以百计的音乐作品。但从1816年起，贝多芬的健康状况越来越差，后来耳病复发，不久就失聪了。作为一个音乐家，失去了听觉，就意味着将要离开自己喜爱的音乐艺术，这个打击简直比被判了死刑还要痛苦。

他又开始了与命运的抗争。除了作曲外，他还想担任乐队指挥。结果在第一次预演时弄得大乱，他指挥的演奏比台上歌手的演唱慢了许多，使得乐队无所适从，混乱不堪。看到别人写给他“不要再指挥下去了”的字条时，贝多芬顿时脸色发白，慌忙跑回家，痛苦得一言不发。

在困厄中，贝多芬没有自暴自弃，他以极大的毅力克服耳聋带给他的困难。耳朵听不到，他就拿一根木棍，一头咬在嘴里，一头插在钢琴的共鸣箱里，用这种办法来感受声音。这样，他不仅创作出了比过去更多的音乐作品，还能登台担任指挥了。

1824年的一天，贝多芬又去指挥他的《第九交响乐》，博得全场一片喝彩，一共响起了5次热烈的掌声。然而，他却一点儿也没有听到，直到一个女歌唱家把他拉到前台，他才看见全场观众纷纷起立，有的挥舞着帽子，有的热烈鼓掌，这种狂热的场面，让贝多芬激动不已。

1827年3月26日，贝多芬在维也纳病逝。他一生创作了9部交响乐，其中尤以《英雄交响乐》《命运交响乐》《田园交响乐》《合唱交响乐》最为著名，此外还有32首钢琴奏鸣曲，以及大量的钢琴协奏曲、小提琴协奏曲等。他的一生为音乐的繁荣发展做出了巨大贡献。

“乐圣”以一生的波澜壮阔，传达着这样一句撼天动地的宣言：“我将扼住命运的咽喉，它绝不能使我屈服！”

**人生感悟** 世界上有太多的人根本不是自己命运的主人。我家里太穷、我学历不高、没人帮我一把、这太困难了……勇敢一些，你完全可以粉碎这些妨碍幸福的借口！

## 置自己于悬崖，拓展生命的宽度

许多时候，我们需要让自己置身于命运的悬崖绝壁上。正是面临这种后退无路的境地，人才会迸发出所有的能量，拓展生命的宽度。

有一个出身名校的大学生，毕业时被分配到一个让人们羡慕的政府机关，干着一份惬意的工作。

好景不长，他开始陷入苦闷，原来他的工作虽轻松，但与所学专业毫无关系。他可是经济专业的高才生啊，在机关里并无用武之地。他想辞职外出闯天下，却又留恋眼下这一份舒适的工作。外面的世界虽然很精彩，风险也大啊。无奈之下，他将自己的困惑告诉了他最敬重的一位长者。长者一笑，给他讲了一个故事：

“一个农民在山里打柴时，拾到一只样子怪怪的鸟。那只怪鸟和出生刚满月的小鸡一样大小，还不会飞，农民就把这只怪鸟带回家给小女儿玩耍。

“调皮的小女儿玩够了，便将怪鸟放在小鸡群里充当小鸡，让母鸡养育着。

“怪鸟长大后，人们发现它竟是一只鹰，他们担心鹰再长大一些会吃鸡。然而，那只鹰和鸡相处得很和睦，只是当鹰出于本能飞上天空再向地面俯冲时，鸡群会产生恐慌和骚乱。

“渐渐地，人们越来越不满，如果哪家丢了鸡，便会首先怀疑那只鹰。要知道鹰终归是鹰，生来是要吃鸡的。大家一致强烈要求：要么杀了那只鹰，要么将它放生，让它永远也别回来。因为和鹰有了感情，这一家人决定将鹰放生。

“谁知，他们把鹰带到很远的地方放生，过不了几天那只鹰又飞回来了；他们驱赶它不让它进家门;他们甚至将它打得遍体鳞伤……都无法成功。

“后来村里的一位老人说：‘把鹰交给我吧，我会让它永远不再回来。’老人将鹰带到附近一个最陡峭的悬崖绝壁旁，然后将鹰狠狠向悬崖下的深涧扔去。那只鹰开始如石头般向下坠去，然而快要到涧底时它终于展开双翅托住了身体，开始缓缓滑翔，最后轻轻拍了拍翅膀，就飞向蔚蓝的天空。它越飞越自由舒展，越飞越高，越飞越远，渐渐变成了一个小黑点，飞出了人们的视野，再也没有回来。”

听了长者的故事，年轻人似有所悟。几天后，他辞去了公职外出打拼，终有所成。

可见，留恋安逸、舒适，生命将会永远局限于那一亩三分地。

人生感悟

将自己置于没有退路的悬崖，从某种意义上说，是给自己一个向生命高地冲锋的机会。

# 微笑的力量

20世纪30年代，一位犹太传教士每天早晨总是按时到一条乡间土路上散步。无论见到谁，他总是微笑着热情地打一声招呼：“早安。”

其中，有一个叫米勒的年轻农民，对传教士的问候，起初反应冷漠。在当时，当地的居民对传教士和犹太人的态度是很不友好的。然而，年轻人的冷漠，未曾改变传教士的热情，每天早上，他仍然给这个一脸冷漠的年轻人道一声早安。终于有一天，这个年轻人脱下帽子，也向传教士道一声：“早安。”

好几年过去了，纳粹党上台执政。

这一天，传教士与村中所有的人，被纳粹党集中起来，送往集中营。在下火车列队前行的时候，有一个手拿指挥棒的指挥官，在前面挥动着棒子，叫道：“左，右。”被指向左边的是死路一条，被指向右边的则还有生还的机会。

传教士的名字被这位指挥官点到了，他浑身颤抖，走上前去。当他无望地抬起头来，眼睛一下子和指挥官的眼睛相遇了。

传教士习惯地脱口而出：“早安，米勒先生。”

指挥官米勒虽然没有过多的表情变化，但仍禁不住还了一句问候：“早安。”声音低得只有他们两人才能听到。米勒看着传教士，犹豫了一秒钟，将指挥棒指向了右边，低声说：“右。”

## 人生感悟

人是很容易被感动的，而感动一个人靠的未必都是慷慨的施舍、巨大的投入。往往一个热情的问候、温馨的微笑，也足以在人的心灵中洒下一片阳光。

# 第十五章

# 拆掉思维里的墙

我们每个人的内心，都有一些根深蒂固的思维模式，对于幸福、成功、事业，我们往往纠结于世人的看法……这些固定的思维方式，在我们脑海中处于相当强势的地位，它们驾驭我们，操纵我们，束缚我们的思想和行为，剥夺我们的热情和希望，让我们在碌碌无为的平庸状态中变得心安理得，在浑浑噩噩的麻木生活中变得浑然不觉。

突破现实生活的禁锢，着眼于长远与未来；突破心智模式障碍，找到全新的思考方式，拆掉思维的墙，打开梦想的窗，走出生命的困境，加速人生的巡航。

# 善于运用大脑的人，无论在何时何地都会有成功相伴

当时人们都去开山，但他不像别人那样把石块砸成石子运到路边，卖给建房的人，而是卖给杭州的花鸟商人。因为这儿的石头都是奇形怪状的，他认为卖重量不如卖造型。5年后，他成为村里第一个盖起瓦房的人。

后来，不许开山，只许种树，于是这儿成了果园。每到秋天，漫山遍野的鸭梨招徕八方客商，他们把堆积如山的梨子成筐成筐地运往北京和上海，然后再发往韩国和日本。因为这儿的梨，汁浓肉脆，纯正无比。

就在村里的人为鸭梨带来的小康日子欢呼雀跃时，他卖掉果树，开始种柳。因为他发现，来这儿的客商不愁挑不到好梨子，只愁买不到盛梨子的筐。5年后，他成为第一个在城里买房的人。

再后来，一条铁路从这儿贯穿南北，这儿的人上车后，可以北到北京，南抵九龙。小村对外开放，果农也由单一的卖果开始谈论果品加工及市场开发。就在一些人开始集资办厂的时候，他在他的地头砌了一垛3米高、百米长的墙。这垛墙面向铁路，背依翠柳，两旁是一望无际的万亩梨园。坐火车经过这儿的人，在欣赏梨花时，会突然看到四个大字：可口可乐。据说这是五百里山川中，唯一的一个广告。他凭这垛墙，第一个走出了小村，因为他每年有4万元的额外收入。

20世纪90年代末，日本丰田公司亚洲区代表山田信一来华考察。当他坐火车路过这个小山村时，听到了这个故事，他被主人公罕见的商业头脑所震惊，当即决定下车寻找这个人。当山田信一找到这个人的时候，他正在自己的店门前，与对门的店主吵架，因为他店里的一套西装标价800元的时候，

同样的西装对门标价750元；他标价750元的时候，对门就标价700元。 月下来，他仅批发出8套西装，对门却批发出800套。山田信一看到这种情形，非常失望，以为被讲故事的人欺骗了。然而，当山田信一弄清真相之后，立即决定以百万年薪聘请他。

因为对门的那个店也是他的。

**人生感悟**　一个人能够成功，一定有他成功的理由。在各种成功的理由中，善于运用大脑是最让人敬佩的。在我们自身所有的资源中，大脑是最值钱的。一个善于运用大脑的人，无论在何时何地都会有成功相伴。

## 只要动动脑筋，就可以变不利为有利

有一个住在佛罗里达州的农夫，当他买下那片农场的时候，他觉得非常沮丧。因为那块地坏得使他既不能种水果，也不能养猪，那里能生长的只有白杨树及响尾蛇。

然而，他想到了一个好主意，他把他所拥有的变成一种资产——他要利用那些响尾蛇。

他的做法使每一个人都很吃惊，因为他开始做响尾蛇肉罐头。

后来，他的生意做得非常大。由他养的响尾蛇所取出来的蛇毒，运送到各大药厂去，做防蛇毒的血清；响尾蛇皮以很高的价钱卖出去，做女人的鞋子和皮包；装着响尾蛇肉的罐头，送到世界各地的顾客手里。而且，每年来参观他的响尾蛇农场的游客，差不多有2000人。

这个村子现在已改名为佛罗里达州响尾蛇村。

这位农夫动了动脑筋，凭借自己的智慧，硬是把当年的“不利”变成了“有利”。

事实证明，他成功了。

人生感悟 不可否认，环境可以决定一个人的成败。有利的环境有助于成功，如果肯动脑筋的话，在不利的环境中，把不利变为有利，同样可以获得成功。

# 只有变通思维，才能变不可能为可能

莫扎特还是学生时，曾和老师海顿打过一次赌。他说他能写出一段曲子，老师准弹不了。

世界上竟会有这种怪事？在音乐殿堂早已功成名就的海顿对此岂能轻易相信。

见到老师疑惑不解的样子，莫扎特伏案疾书起来，很快便将一段曲谱交给了老师。

海顿未及细看便很不在乎地坐在钢琴前弹奏起来。但很快海顿就弹不下去了，他惊呼起来："这是什么呀？我两手分别弹响钢琴两端时，怎么会有一个音符出现在键盘中间位置呢？"

接下来海顿以他那精湛的技巧又试弹了几次，还是不成，最后无可奈何地说："真是活见鬼了，看样子任何人也弹奏不了这样的曲子。"

显然，海顿讲的"任何人"也包括莫扎特。

只见莫扎特微笑着接过乐谱，坐在琴凳上，胸有成竹地弹奏起来，海顿也屏住呼吸留神观看他的学生究竟会怎样去弹奏那个需要"第三只手"才能弹出来的音符。

令老师大为惊喜的是，当莫扎特遇到那个特别的音符时，他不慌不忙地向前弯下身子，用鼻子点弹而就。

海顿禁不住对自己的高徒赞叹不已。

人生感悟 生活中的很多事情，只要你变通一下思维，就可以变不可能为可能。学会变通思维，你将会奏出精彩的人生乐章。

# 在危急状况下，要保持冷静并正确思考

第二次世界大战期间，一艘美国驱逐舰停泊在某国的港湾，那天晚上万里无云，明月高照，一片宁静。

一名士兵按例巡视全舰，突然他停步站立不动，他看到一个乌黑的大东西在不远的水上浮动着。他惊骇地看出那是一枚触发水雷，可能是从一处雷区脱离出来的，正随着退潮慢慢向着舰身中央漂来。

士兵抓起舰内通讯电话机，通知了值日官，值日官立刻快步跑来。他们很快地通知了舰长，并且发出全舰戒备讯号，全舰立时动员了起来。

官兵们都愕然地注视着那枚慢慢漂近的水雷，大家都了解眼前的状况，灾难即将来临。

官兵们立刻提出各种办法。他们该起锚走吗？不行，没有足够的时间。发动引擎使水雷漂移开？不行，因为螺旋桨转动只会使水雷更快地漂向舰身。以枪炮引发水雷？也不行，因为那枚水雷太接近舰里面的弹药库。那么该怎么办呢？放下一支小艇，用一支长杆把水雷拨走？这也不行，因为那是一枚触发水雷，同时也没有时间去拆下水雷的雷管。

悲剧似乎是没有办法避免了。

有一名水兵一直没有说话，他一直在冷静地思索着。突然，这名水兵想出了一个更好的办法。"把消防水管拿来。"这名水兵大喊着。

大家立刻明白，这个办法的确有道理。他们向舰艇和水雷之间的海面喷水，制造出了一条水流，把水雷带向远方，然后再用舰炮引炸了水雷。

一场险情就这样被化解了。

**人生感悟**

面临险情时，切忌慌乱，更不要坐以待毙，而应该保持冷静并正确思考。保持冷静能够集中精神，正确思考可以在最短的时间内想出解决之道。

# 只有打开固定思维这把锁，才能打开心中的锁

一代魔术大师胡汀尼有一手绝活——他能在极短的时间内打开无论多么复杂的锁，从未失手。

他曾为自己定下一个富有挑战性的目标：在60分钟之内，从任何牢中挣脱出来，条件是让他穿着特制的衣服进去，并且不能有人在旁边观看。

有一个英国小镇的居民，决定向伟大的胡汀尼挑战，有意给他难堪。他们特别打制了一个坚固的铁牢，配上一把看上去非常复杂的锁，请胡汀尼来看看能否从这里出去。

胡汀尼接受了这个挑战。他穿上特制的衣服，走进铁牢中，牢门“哐啷”一声关了起来，大家遵守规则转过身去不看他工作。胡汀尼从衣服中取出自己特制的工具，开始工作。

30分钟过去了，胡汀尼用耳朵紧贴着锁，专心地工作着；45分钟，一个小时过去了，胡汀尼头上开始冒汗。两个小时过去了，胡汀尼始终听不到期待中的锁簧弹开的声音。他筋疲力尽地将身体靠在门上坐下来，结果牢门却顺势而开，原来，牢门根本没有上锁，那把看似

很厉害的锁只是个摆设。

小镇居民成功地捉弄了这位逃生专家，门没有上锁，自然也就无法开锁。但胡汀尼心中的门却上了锁。

由此可见，胡汀尼能打开真正的锁，却打不开心中的锁。

**人生感悟** 我们每个人的心中都有一把巨大的锁，它会锁住许多重要的东西，这把锁就是固定思维。遇事时，应该多思考，打开固定思维这把锁，才会使问题出现转机。

## 只有抓住了问题的关键，才能从根本上解决问题

从前，有一位守园人看守着一座官家园林。

园子中长着一棵毒树，这棵树虽有毒，但长得非常好，大大的枝丫伸向空中，就像一把撑开的伞。许多游人来到园中游玩观赏，停在这棵毒树下乘凉休息，结果沾上了毒气，有的头痛欲裂，有的腰酸背痛，有的甚至躺在树下再也起不来了。

守园人知道了这是一棵毒树，又目睹众人在树下休息不是得病就是丧命的遭遇，就决心用斧子砍掉这棵毒树。

他找来一把一丈多长的长柄斧子，远远地站着砍倒了毒树。可奇怪的是，不到十几天，毒树重新长起来了，而且枝叶变得更加茂盛，团团簇簇，煞是好看，还有那说不出的种种奇妙之处，众人见了没有不喜欢的。

由于众人不知底细，看到这么一个好地方，都纷纷争着抢着到这棵毒树下来乘凉。可是还没等太阳的影子移开，人们就又遭到了毒害的厄运。

守园人见了，又像以前一样，拿着长柄斧子远远地砍树。可是没多久，树又长出来了，而且长得比被砍之前更加好看。就这样，守园人砍了一次又一次，但每次砍后不久，毒树又重新长出更好看的枝叶来。

那个守园人的族人、亲戚、妻子、儿女、仆人等，都是因贪图在这树荫下

乘凉享乐而中毒身亡。只剩下守园人孤身一人，日夜忧愁苦闷，哭哭啼啼地在路上走。

不一会儿，他碰到了一位老者，就向老者哭诉自己的不幸遭遇。

老者听后，对守园人说："你的这些不幸遭遇和痛苦，完全都是你自己造成的！要想堵住流水，就得高筑堤坝；要想砍绝毒树，就必须挖掘树根啊！像你每次砍掉的仅是毒树的枝干，就好比是给毒树修剪枝叶一样，怎么能叫砍树呢？你现在赶紧去挖掉这毒树的根吧！"

**人生感悟**

解决一个问题时，不要被问题的表面现象所迷惑，做一些无用功，要找到问题的关键所在。只有抓住了问题的关键，才能从根本上解决问题。

# 跳出自己的思维定式，才会走出死胡同

著名的心算家阿伯特·卡米洛以前从来没有失算过。

这一天他表演时，有人上台给他出了道题："一辆载着283名旅客的火车驶进车站，有87人下车，65人上车；下一站又下去49人，上来112人；再下一站又下去37人，上来96人；再下一站又下去74人，上来69人；再下一站又下去17人，上来23人……"

那人刚说完，心算大师便不屑地答道："小

儿科！告诉你，火车上一共还有——”

“不，”那人拦住他说，“我是请您算出列车一共停了多少站口。”阿伯特·卡米洛呆住了。这位天才的心算家思考的只是老生常谈的数字，但这组简单的加减法却成了他的“滑铁卢”。

真正“滑铁卢”的失败者拿破仑也有一个鲜为人知的故事。

拿破仑被流放到圣赫勒拿岛后，他的一位善于谋略的密友通过秘密方式给他捎来一副用象牙和软玉制成的国际象棋。拿破仑爱不释手，从此一个人默默地下起了象棋，打发着寂寞痛苦的时光。象棋被摸光滑了，他的生命也走到了尽头。

拿破仑死后，这副象棋经过了多次的转手拍卖。后来一个拥有者偶然发现，有一枚棋子的底部居然可以打开，里面塞有一张如何逃出圣赫勒拿岛的详细计划！这位天才的军事家想的只是象棋是用来消遣的，却没有想到象棋里暗藏玄机。

**人生感悟**　很多时候，我们的失败其实都是败在思维定式上。无数事实证明，伟大的创造、天才的发现都是从突破思维定式开始的；但如果在自己的思维定式里徘徊，即使是天才也走不出死胡同。

## 巧用劣势

有一个10岁的小男孩，在一次车祸中失去了左臂，但是他很想学柔道。

最终，小男孩拜一位日本柔道大师做了师傅，开始学习柔道。他学得不错，可是练了3个月，师傅只教了他一招，小男孩有点弄不懂了。

他终于忍不住问师傅：“我是不是应该再学学其他招数？”

师傅回答说：“不错，你的确只会一招，但你只需要会这一招就够了。”

小男孩并不是很明白，但他很相信师傅，于是就继续照着练了下去。

几个月后，师傅第一次带小男孩去参加比赛。小男孩自己都没有想到居然轻轻松松地赢了前两轮。第三轮稍稍有点艰难，但对手很快就变得有些急躁，连连进攻，小男孩敏捷地施展出自己的那一招，又赢了。就这样，小男孩迷迷瞪瞪地进入了决赛。

决赛的对手比小男孩高大、强壮许多，也似乎更有经验。小男孩一度显得有点招架不住，裁判担心小男孩会受伤，就叫了暂停，还打算就此终止比赛，然而师傅不答应，坚持说：“继续比赛！”

比赛重新开始后，对手放松了戒备，小男孩立刻使出他的那招，制服了对手，由此赢了比赛，得了冠军。

回家的路上，小男孩和师傅一起回顾每场比赛的每一个细节，小男孩鼓起勇气道出了心里的疑问：“师傅，我怎么就凭一招就赢得了冠军？”

师傅答道：“有两个原因：第一，你几乎完全掌握了柔道中最难的一招；第二，就我所知，对付这一招唯一的办法是对手抓住你的左臂。”

### 人生感悟

有的时候，人的某方面的缺陷未必就永远是劣势，只要善加利用，或者扬长避短，劣势也会转化成优势。

正确的态度是坦然面对自己的缺陷，不有意掩饰，敢于挑战自我，并根据自己的具体情况确立自己的目标，就有可能避开自己的缺陷，甚至可能将劣势转化成优势。

## 山穷水尽时，应该另辟蹊径

20世纪二三十年代，美国经济处于大萧条之中，各行各业普遍不景气。在多伦多有位年轻人，是一位画家，当时他家很贫穷。这个画家非常善于画木炭画，但受环境的限制，画得再好也卖不出去。

年轻人整天想着如何把自己的画卖出去，以靠这笔收入养家糊口。但是，人们连饭都吃不上，谁有能力去买画呢？更何况，他只不过是个无名小卒。

后来，年轻人明白，要想靠卖画来养家，只能到富人那里去开拓市场。问题又来了，他的身边没有富人，他也根本不认识有钱人，又怎么跟他们接近呢？

对此他苦思冥想，最后他来到多伦多《环球邮政》报社资料室，从那里借了一份画册，其中有加拿大的一家银行总裁的正式肖像。他回到家，开始画起来。画完了，他把它放在相框里，装订得端端正正的。画得不错，对此他很自信。

但他怎样才能把画交给对方呢？他在商界没有朋友，所以想得到引见是不可能的。他也知道，如果贸然与对方约会，肯定会被拒绝。写信要求见对方，但这种信可能通不过这位大人物的秘书那一关。这位年轻的画家对人性略知一二，他知道，要想穿过总裁周围的层层阻挡，他必须要抓住对方追求名利的心理，投其所好。

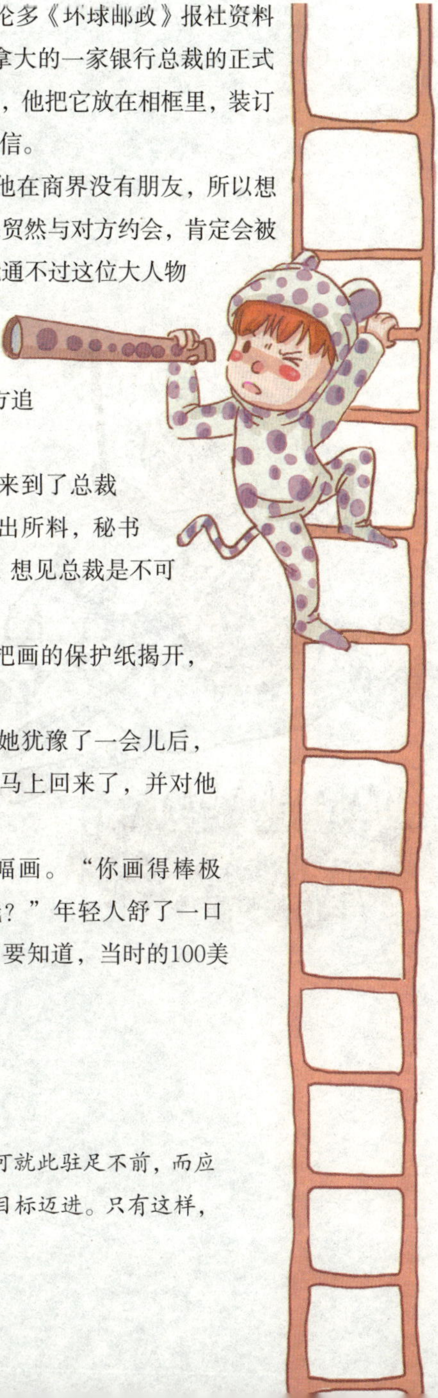

他梳好头发，穿上最好的衣服，来到了总裁的办公室，并要求与他见面。果然不出所料，秘书拦住了他，告诉他如果事先没有约好，想见总裁是不可能的。

“真糟糕，”年轻人说道，同时把画的保护纸揭开，“我只是想拿这个给他瞧瞧。”

秘书看了看画，把它接了过去。她犹豫了一会儿后，说道：“坐下吧，我就回来。”秘书马上回来了，并对他说：“总裁想见你。”

画家进去时，总裁正在欣赏那幅画。“你画得棒极了，”他说，“这张画你想要多少钱？”年轻人舒了一口气，告诉他要100美元，结果成交了。要知道，当时的100美元，可是一笔不小的收入。

## 人生感悟

处于山穷水尽时，千万不可气馁，也不可就此驻足不前，而应该另辟蹊径，试着用别的方法向自己的目标迈进。只有这样，才可以从另一种途径达到自己的目的。

# 第十六章

# 心有多大，舞台就有多大

敞开心灵的舞台，去追求你的渴望，实现你的梦想，成就你的憧憬！不管你多么平凡、多么渺小，心有多大，舞台就有多大。

唯有心怀梦想，才有一飞冲天的壮举；唯有志在蓝天，才有盘旋翱翔的雄姿。雏鹰，怀着敞开的心灵，激荡着信心和毅力，历经磨难，终于成为天空中飞翔的精灵。以一双坚强有力的双翅，承载着对梦想的追求，穿越心灵。

# 一个人的心有多大，舞台就有多大

美国西部的一个小乡村，一位家境清贫的少年在15岁那年，写下了他气势不凡的《一生的志愿》：“要到尼罗河、亚马孙河和刚果河探险；要登上珠穆朗玛峰、乞力马扎罗山和麦金利峰；驾驭大象、骆驼、鸵鸟和野马；探访马可·波罗和亚历山大一世走过的道路，主演一部《人猿泰山》那样的电影；驾驶飞行器起飞降落；读完莎士比亚、柏拉图和亚里士多德的著作；谱一部乐曲；写一本书；拥有一项发明专利；给非洲的孩子筹集100万美元捐款……”

他洋洋洒洒地一口气列举了127项人生的宏伟志愿。不要说实现它们，就是看一看，就足够让人望而生畏了。

少年的心却被他那庞大的《一生的志愿》鼓荡起来，他的全部心思都已被那《一生的志愿》紧紧地牵引着，并开始了将梦想转为现实的漫漫征程。他一路风霜雪雨，硬是把一个个近乎空想的夙愿，变成了一个个活生生的现实，他也因此一次次地品味到了搏击与成功的喜悦。44年后，他终于实现了《一生的志愿》中的106个愿望……

他就是20世纪著名的探险家约翰·戈达德。

当有人惊讶地追问他是凭借着怎样的力量，把那许多注定的“不可能”都踩在了脚下时，他微笑着如此回答：“很简单，我只是让心灵先到达那个

地方，随后，周身就有了一股神奇的力量，接下来，就只需沿着心灵的召唤前进。”

**人生感悟**　世上没有完不成的心愿，也没有办不到的事情，只有我们想不到的事情和不愿意去做的事情。不管你的心愿有多少，也不管它们有多么不可思议，只要你愿意，只要你用心去努力，就会有实现的一天。记住：一个人的心有多大，舞台就有多大。

## 信念像一面旗帜，能给人以无穷的精神力量

罗杰·罗尔斯是美国纽约州历史上第一位黑人州长。他出生在纽约声名狼藉的大沙头贫民窟。那里环境肮脏，充满暴力，是偷渡者和流浪汉的聚集地。在这儿出生的孩子，有不少从小逃学、打架、偷窃甚至吸毒，长大后很少有人从事体面的职业。然而，罗杰·罗尔斯是个例外，他不仅考入了大学，而且还成了州长。

在记者招待会上，一位记者向他提问："是什么把你推向州长宝座的？"面对三百多名记者，罗尔斯对自己的奋斗史只字未提，只谈到了他上小学时的校长——皮尔·保罗。

1961年，皮尔·保罗被聘为诺必塔小学的董事兼校长。当时正是美国嬉皮士流行的时代，他走进大沙头诺必塔小学的时候，发现这儿的穷孩子比"迷惘的一代"还要无所事事。他们不与老师合作，旷课、斗殴，甚至砸烂教室的黑板。皮尔·保罗想了很多办法来引导他们，可是没有奏效。后来他发现这些孩子都很迷信，于是在他上课的时候就多了一项内容——给学生看手相。他用这个办法来鼓励学生。

当罗尔斯从窗台上跳下，伸着小手走向讲台时，皮尔·保罗说："我一看你修长的小拇指就知道，将来你是纽约州的州长。"当时，罗尔斯大吃一

惊，因为长这么大，只有他奶奶让他振奋过一次，说他可以成为5吨重的小船的船长。这一次，皮尔·保罗先生竟说他可以成为纽约州的州长，这着实出乎他的预料。他记下了这句话，并且相信了它。

从那天起，“纽约州州长”就像一面旗帜激励着他。罗尔斯的衣服不再沾满泥土，说话时也不再夹杂污言秽语，他开始挺直腰杆走路。在以后的四十多年间，他没有一天不按州长的标准要求自己。51岁那年，他终于成了州长。

在就职演说中，罗尔斯说：“信念值多少钱？信念是不值钱的，它有时甚至是一个善意的欺骗，然而你一旦坚持下去，它就会迅速增值。”

**人生感悟**

信念是一种无形的力量，它就像一面旗帜，不断鼓舞人心，让人精神振奋。在信念的感召下，困难都会迎刃而解，烦恼和痛苦也无法阻挡前进的脚步。只要我们心中怀有一个坚定的信念，并且坚持下去，走向成功就不是什么难事。

## 展示真实的自己

她想要成为一位歌唱家，可是长得并不好看。她的嘴很大，牙齿很暴露，每一次公开演唱的时候——在新泽西州的一家夜总会里——她都想把上嘴唇拉下来盖住她的牙齿。她想要表演得很美，结果呢？她使自己大出洋相，总也逃脱不了失败的命运。

可是，在那家夜总会里听这个女孩子唱歌的一个人，认为她很有天分。“我跟你说，”他很直率地说，“我一直在看你的表演，我知道你想掩藏的是什么，你觉得你的牙长得很难看。”这个女孩子非常窘，可是那个男的继续说道：“这是怎么回事？难道说长了暴牙就罪大恶极吗？不要去遮掩，张开你的嘴，观众欣赏的是你的歌声。再说，那些你想遮起来的牙齿，说不定还会带给你好运呢。”

她接受了他的忠告，没有再去注意牙齿。从那时候开始，她只想到她的观众，她张大了嘴巴，热情而高兴地唱着，后来，她成为电影界和广播界的一流红星。她的名字叫凯丝·达莉。

## 人生感悟

每个人都不可能完美无缺，只有从内心接受自己，喜欢自己，欣赏自己，坦然地展示真实的自己，才能拥有成功快乐的人生。

没有必要去掩饰自己的缺陷，尽管你是不完美的，但你仍是独一无二、不可替代的。你喜欢自己，别人也会喜欢你。你珍视自己，别人也会珍视你。期待别人完美是不现实的，期待自己完美则是愚蠢的。喜欢不完美的自己，你将获得对自己的认同和理解；勇敢地展示自己，你将会获得意想不到的成功。

所以，不要苛求自己，不要被完美所累，要相信真我的精彩。

# 对于自己不熟悉的领域，不要轻易去涉足

从前，有个农夫，由于庄稼种得好，生活过得很惬意。村子里的人都夸他聪明，并有人断言只要他做生意，肯定能发大财。

农夫的心就痒痒了，和妻子商量要做生意。他的妻子是个明白人，知道他不是做生意的料，就劝他打消这个念头，但农夫的主意已定，妻子怎么说都不行。

见劝说无用，妻子就说："做生意总得有本钱吧，你明天就把家中的一只山羊和一头毛驴牵进城去卖了吧。"

妻子找来三个人，对他们叮嘱了一番，说完就回娘家了。

第二天，农夫兴冲冲地上路了。妻子找来帮忙的人偷偷地跟在他的身后。

农夫贪睡，第一个人乘农夫骑在驴背上打盹之际，把山羊脖子上的铃铛解下来系在驴尾巴上，把山羊牵走了。不久，农夫猛一回头，发现山羊不见了，便忙着寻找。

这时第二个人走过来，热心地问他找什么。农夫说山羊被人偷走了，问他看见没有。第二个人随便一指，说看见一个人牵着一只山羊从林子中刚走过去，准是那个人，快去追吧。农夫急着去追山羊，把驴子交给这位"好心人"看管。等他两手空空地回来时，驴子与"好心人"自然都没了踪影。

农夫伤心极了，一边走一边哭。当他来到一个水池边时，却发现一个人坐在水池边哭，哭得比他还伤心。

农夫挺奇怪：还有比我更倒霉的人吗？就问那个人哭什么。

那人告诉农夫，他带着一袋金币去城里买东西，走到水边歇歇脚、洗把脸，却不小心把袋子掉进水里了。农夫说，那你赶快下去捞呀。那人说自己不会游泳，如果农夫给他捞上来，愿意送给他20个金币。

农夫一听喜出望外，心想：这下可好了，羊和驴子虽然丢了，可能到手20个金币，损失全补回来还有富余啊。他连忙脱光衣服跳下水捞起来。当他空着手从水里爬上岸，他的衣服、干粮也不见了。

当农夫沮丧地回到家时，惊奇地发现山羊和毛驴竟然在家中。

他的妻子说："没出事时麻痹大意，出现意外后惊慌失措，造成损失后急于弥补。你连这些基本的风险都预料不到，又怎么能在商海里征战呢，还是老老实实地在家中种地吧！"

人生感悟　我们每个人都应该知道自己最适合做什么，并把精力放在做最适合自己的事情上，这样才能有所收获，才能获取成功。如果没有足够的本领与能力，对于自己不熟悉的领域，万不可贸然去涉足，否则会失败。

# 无论是谁，都有比其他人做得更好的地方

迈可·兰顿生的奋斗事迹照亮了许多人的人生之路，他成了很多人景仰的英雄。

他生长在一个不太和睦的家庭里。他小的时候，母亲经常闹着要自杀，火气一来便抓起吊衣架追着他毒打。因为生活在这样的环境中，他自幼就有些畏缩而身体瘦弱。然而日后在那部叫座的影片《草原上的小屋》中，他却扮演了那个殷格索家庭的一家之主，他那坚毅而充满自信的性格给大家留下了深刻的印象。迈可的人生为什么会有这样的改变呢？

在他读高中一年级时的一天，体育老师把这一班的学生带到操场去教他们如何掷标枪，而这一次的经验就此改变了他后来的人生。在此之前，不管他做什么事都是畏畏缩缩的，一点自信都没有。可是那天奇迹出现了——他奋力一掷，只见标枪越过了其他同学的纪录，多出了足足有30英尺。就在那一刻，迈可知道了自己的前途大有可为。在其日后接受《生活杂志》采访时，他回想道："就在那一天我才突然知道，原来我也有能比其他人做得更好的地方。当时便请求体育老师借给我这支标枪，在那年整个夏天里我就在运动场上掷个不停。"

迈可发现了使他振奋的未来，而他也全力以赴，结果有了惊人的成绩。

那年暑假结束返校后，他的体格已有了很大的改变，而随后的一整年中，他特别加强重量训练，使自己的体能更往上提升。高三时的一次比赛，他掷出了全美高中生最好的标枪纪录，因而也让他赢得体育奖学金。这个人生的转变套句他自己的话就是：可真是一只小老鼠变成了一只大狮子。

**人生感悟** 在这个世界上，我们每个人都有自己独特的一面，都有比其他人做得更好的地方，遗憾的是，很多人都不知道或没有找到。当一个人找到了属于自己的领域的时候，他就会由自卑变得自信，并会发挥出自己的潜能。

## 不断挑战自我的极限，就没有什么事是做不到的

1912年，班·费德雯出生于美国。

1942年，费德雯加入纽约人寿保险公司。单件保单销售，他曾做到2500万美元，一个年度的业绩超过1亿美元。

费德雯一生中售出数十亿美元的保单，这个金额比全美80%的保险公司的销售总额还高。

在这个专业化导向的行业里，连续数年达到10万美元的业绩，便能成为众人追求的、卓越超群的百万圆桌协会会员，而费德雯做到近50年，平均每年的销售额达到近300万美元的业绩。放眼寿险史上，没有任何一位业务员能赶上他。而他的一切，仅

是在他家方圆40里内，一个人口只有1.7万人的东利物浦小镇中创造出来的。

1955年，没有人敢去想，一名寿险业务员的年度业绩竟能超过1000万美元。

1956年，费德雯超过了。

1959年，2000万美元的年度业绩被认为是遥不可及的梦，它是那样不可思议，以致从业人员连想都没想过，除了费德雯以外。

1960年，他把梦想变成事实。

1966年，费德雯冲破了5000万美元的大关。

1969年，他缔造1亿美元的年度业绩，往后更是屡见不鲜。

1984年，他获颁罗素纪念奖，此为保险业的最高荣誉。

虽然费德雯说自己没有任何秘诀，但其实他已把他的“秘诀”公之于世了。多年来，他总是从早上到晚上，从周一到周日，从不间断地努力工作。

费德雯认为：“对自己的生活方式与工作方式完全满意的人，已陷入常规。假如他们没有鞭策力，使自己成为更好的人，或使自己的工作更杰出，那么他们便是在原地踏步。而正如任何一位业务员会告诉你的，原地踏步就等于退步。”

人生感悟

不断努力挑战自我的极限，是一个人成功的必备因素。不论是在工作中还是在生活中，只要我们敢想敢干，不断地鞭策自己，满怀信心地去挑战自我，那么，就没有什么事是做不到的。

# 第十七章

# 感谢折磨你的人和事

人生在世，总要经受很多折磨，承受各种苦难。其实换一种眼光看世界，这些折磨对人生并不是消极的，反而是一种促进人成长的积极因素。因为，生命是一次次的蜕变过程，唯有经历各种各样的折磨，才能使人生得到升华。如果你已是一个成功者，只要回想一下，就会发现真正促使你进步、成功的，不单是你自己的能力，不单是朋友和亲人的鼓励，更多的时候，是生命中那些折磨过你的人激发了你的潜能，促使你不断进步。因此，你应该感谢那些折磨你的人，不管他们是善意的还是恶意的，他们在折磨你的同时，也在成全你，正是他们让你成长、成熟、成功！

# 对人生多一些反思，生活会少一点盲目

1963年，应该是春天，在GE公司，一名28岁的员工经历了一生当中最为恐怖的事件之一——爆炸。

当时，他正坐在匹兹菲尔德的办公室里，街对面正好是实验工厂。这是一次巨大的爆炸。爆炸产生的气流掀开了楼房的房顶，震碎了顶层所有的玻璃。他飞奔出办公室，向出事的办公楼跑去。他跑到三楼，害怕极了。爆炸带来的灾难比他预想的更糟。一大块屋顶和天花板掉到了地板上，不可思议的是，没有人受重伤。

当时，人们正在进行化学实验。在一个大水槽里，他们将氧气灌入一种高挥发性的溶剂中。这时，一个无法解释的火花引发了这次爆炸。非常幸运的是，安全措施起到了一定的保护作用，爆炸产生的冲击波直接冲向了天花板。但作为负责人，他显然有严重的过失。

第二天，他不得不驱车100公里去康涅狄格的桥港，向集团公司的一位执行官查理·里德解释这场事故的起因。这个人对他是很信任的，但他还是准备好了挨批。他已经做好了最坏的准备。

他知道这时可以解释为什么会发生这次爆炸，并提出一些解决这个问题的建议。但是由于紧张、失魂落魄，他的自信心就像那爆炸的楼房一样开始动摇。

这是他第一次走进这位领导的办公室。查理·里德很快就使面前的年轻人平静了下来。作为一名从麻省理工学院毕业的化学工程博士，查理·里德是一个有着很深专业素养的杰出科学家。实际上，查理·里德在1942年加入GE公司以前，还在麻省理工学院当过5年应用数学的教师。对技术也同样有着很大的热情，他是个跟企业结婚的单身汉，是GE公司中级别最高的有着切身化学经验的执行官。查理·里德知道在高温环境下做高挥发性气体实验会发生什么。

查理·里德表现得异常通情达理。“我所关注的是你能从这次爆炸中学到了什么东西。你是否能够修改反应器的程序？”

年轻人没有想到查理·里德会问这些。

“你们是否应该继续进行这个项目？”查理·里德的表情和口吻充满理解，看不到一丝情绪化的东西或者愤怒。

“好了，我们最好现在就对这个问题有个彻底的了解；而不是等到以后，等我们进行大规模生产的时候。”查理·里德说道，“感谢上帝，没有任何人受伤。”

查理·里德的行为给这个年轻人留下了深刻的印象。

这个28岁的年轻人就是杰克·韦尔奇。回忆起这段经历时，他说：“当人们犯错误的时候，他们最不愿意看到的就是惩罚。这时最需要的是鼓励和信心的建立。首要的工作就是恢复自信心。”

**人生感悟**　宽容比惩罚更能使一个人反省、改过。如果因为过失就对他人吹毛求疵，结果可能会适得其反。

## 宽容并非奢侈品

一次，楚庄王因为打了大胜仗，十分高兴，便在宫中设盛大晚宴，招待群臣，宫中一片热闹景象。楚王也兴致高昂，叫出自己最宠爱的妃子许姬，轮流着替群臣斟酒助兴。

忽然一阵大风吹进宫中，蜡烛被风吹灭了，宫中立刻漆黑一片。黑暗中，有人扯住许姬的衣袖想要亲近她。许姬便顺手拔下那人的帽缨并赶快挣脱离开，然后许姬来到庄王身边告诉庄王说：“有人想趁黑暗调戏我，我已拔下了他的帽缨，请大王快吩咐点灯，看谁没有帽缨就把他抓起来处置。”

庄王说：“且慢！今天我请大家来喝酒，酒后失礼是常有的事，不宜怪罪。再说，众位将士为国效力，我怎么能为了显示你的贞洁而辱没我的将士呢？”说完，庄王不动声色地对众人喊道：“各位，今天寡人请大家喝酒，大家一定要尽兴，请大家都把帽缨拔掉，不拔掉帽缨不足以尽欢！”

于是群臣都拔掉自己的帽缨，庄王命人点亮蜡烛，宫中一片欢笑，众人尽欢而散。

3年后，晋国侵犯楚国，楚庄王亲自带兵迎战。交战中，庄王发现自己军中有一员将官，总是奋不顾身，冲杀在前，所向无敌。众将士也在他的影响和带动下，奋勇杀敌，斗志高昂。这次交战，晋军大败，楚军大胜回朝。

战后，楚庄王把那位将官找来，问他："寡人见你此次战斗奋勇异常，寡人平日好像并未给过你什么特殊好处，你为什么如此冒死奋战呢？"

那将官跪在庄王阶前，低着头回答说："3年前，臣在大王宫中酒后失礼，本该处死，可是大王不仅没有追究、问罪，反而还设法保全我的面子，臣深受感动，对大王的恩德牢记在心。从那时起，我就时刻准备用自己的生命来报答大王的恩德。这次上战场，正是我立功报恩的机会，所以我才不惜生命，奋勇杀敌，就是战死疆场也在所不辞。大王，臣就是3年前那个被王妃拔掉帽缨的罪人啊！"

一番话使楚庄王和在场将士大受感动。楚庄王走下台阶将那位将官扶起，那位将官已是泣不成声。

**人生感悟** 用一种宽容、豁达的胸怀对待"冒犯"你的人，不必采取任何行动，问题便会自动消失，心灵也可以获得一份宁静。

## 用爱去宽恕，用真诚去回报

在《圣经》中有一则约瑟接纳他的哥哥的故事。

约瑟是雅各的第十一子，遭兄长嫉妒，在年少时他被卖往埃及为奴，后来做了宰相。

有一年因为饥荒，他的哥哥们到埃及来寻求食物，约瑟夫见到了兄长。

约瑟发现自己的哥哥们时，在众多仆人面前终于控制不住自己，他吩咐仆人："所有的人都走吧！"

众仆人都离开了，这时约瑟对哥哥们说："我是约瑟，我的父亲还好吗？"

他的哥哥们无法回答，一个个都目瞪口呆了。

接着，约瑟又对哥哥们说：“走近些。”

当他们走近，他说：“我是你们的兄弟约瑟，你们曾经把我卖到埃及。”兄长们还是不敢相信。但是，当他们明白一切都是真的时，他们看着眼前的弟弟如此威风、如此荣耀，更是吓得说不出话来了。但是，这时他们听到约瑟说：“现在，你们不要因为把我卖到这里而感到难过或谴责自己，那是上帝为了救你们的命把我早些送来这里的。老家发生饥荒已经两年了，接下来还有五年时间，所有的土地将颗粒无收。上帝把我早些送来，是为了让你们继续存活，以特殊的方式搭救你们的性命，所以是上帝而不是你们把我送到这儿来的，他使我成为法老的父亲，所有财产的主人，整个埃及的统治者。”

对整个人类充满爱心而去真诚爱护每一个人，这是千百年来人类总结出来的处世智慧。

学会从硬币的另一面看待福祸的关系，今天的祸也许是明天的福。对待敌人能用爱心去宽恕，对待朋友能用真诚去回报，你方能成为最强大的人。因为最强大的人是那些能够化敌为友的人。

谅解和接受曾经伤害过你的人，才是最好的待人之道，这样就能得到希望的回报。

**人生感悟**

最强大的人是那些能够化敌为友的人。

# 别把自己囚禁在仇恨里

一个人在他20多岁时被人陷害，在牢房里待了10年。

后来冤案告破，他终于走出了监狱。出狱后，他开始了几年如一日地反复控诉、咒骂：“我真不幸，在最年轻有为的时候竟遭受冤屈，在监狱度过本应最美好的一段时光。那样的监狱简直不是人居住的地方，狭窄得连转身都困难。唯一的细小窗口里几乎看不到阳光，冬天寒冷难忍，夏天蚊虫叮咬……真不明白，上帝为什么不惩罚那个陷害我的家伙，即使将他千刀万剐，也难解我心头之恨啊！”

75岁那年，在贫病交加中，他终于卧床不起。

弥留之际，牧师来到他的床边，说：“可怜的人，去天堂之前，忏悔你在人世间的一切罪恶吧……”

牧师的话音刚落，病床上的他声嘶力竭地叫喊起来：“我没有什么需要忏悔的，我需要的是诅咒，诅咒那些给予我不幸命运的人……”

牧师问：“您因受冤屈在监狱待了多少年？离开监狱后又生活了多少年？”他恶狠狠地将数字告诉了牧师。

牧师长叹了一口气：“可怜的人，您真是世上最不幸的人，对您的不幸，我真的感到万分同情和悲痛！他人囚禁了你区区10年，而当你走出监牢本应获取永久自由的时候，您却用心里的仇恨、抱怨、诅咒囚禁了自己整整50年！”

人生感悟　把仇恨一直埋在心里，既浪费感情和精力，也让自己颓废和空虚。人生短暂，要做的事情很多，包容一下，一切都会过去。不知道原谅别人而让自己痛苦，才是最大的不幸。

## 为怨恨的心灵寻找解脱

曼德拉因为领导反对白人种族隔离的政策而入狱，白人统治者把他关在荒凉的大西洋小岛罗本岛上27年。当时曼德拉年事已高，但白人统治者依然像对待年轻犯人一样对他进行虐待。

罗本岛上布满岩石，到处是海豹、蛇和其他动物。

曼德拉被关在总集中营的一个“锌皮房”中，白天打石头，将采石场的大石块碎成石料。他有时要下到冰冷的海水里捞海带，有时干采石灰的活儿——每天早晨排队到采石场，然后被解开脚镣，在一个很大的石灰石场里，用尖镐和铁锹挖石灰石。

因为曼德拉是要犯，看管他的看守就有3人。他们对他并不友好，总是寻找各种理由虐待他。

谁也没有想到，1991年曼德拉出狱后竟当选了总统，他在就职典礼上的一个举动震惊了整个世界。总统就职仪式开始后，曼德拉起身致辞，欢迎来宾。他依次介绍了来自世界各国的政要，然后他说，能接待这么多尊贵的客人，他深感荣幸，但他最高兴的是，当初在罗本岛监狱看守他的3名狱警也能到场。随即他邀请他们起身，并把他们介绍给大家。

曼德拉的博大胸襟和宽容精神，令那些残酷虐待了他27年的白人汗颜，也让所有到场的人肃然起敬。看着年迈的曼德拉缓缓站起，恭敬地向3个曾看守他的狱警致敬，在场的所有来宾以至整个世界，都静了下来。后来，曼德拉向朋友们解释说，自己年轻时性子很急，脾气暴躁，正是狱中的生活使他学会了控制情绪，因此才活了下来。牢狱岁月给了他激励，使他学会了如何处理自己遭遇的痛苦。他说，感恩与宽容常常源自痛苦与磨难，必须通过极强的毅力来训练。

获释当天，他心情平静：“当我迈过通往自由的监狱大门时，我已经清楚，自己若不能把悲痛与怨恨留在身后，那么我其实仍在狱中。”

人生感悟

冤冤相报何时了？我们应该用宽容的心去对待别人，给他人以自我反省的机会，也给自己修炼身心的时间，化干戈为玉帛。如果心里充满了对别人的仇恨，不但使别人生活于痛苦之中，自己的心灵更无法得到解脱。

# 宽容别人是在升华自己

佛陀在世时，有位阿阇世王，为了夺取王位，害死了自己的父王频婆娑罗王，自立为王。但是，没过多久，他知道弑父的罪孽后，开始心生悔恼，由此而全身发热生疮，臭秽不可闻，经治疗后，病情不但没有减轻，反而越发严重。虽经别人劝请，往佛陀处求取忏悔解救，但仍因自惭形秽不愿去。

频婆娑罗王虽被儿子杀害，但他生前信佛虔诚，深知身心的虚幻无常，故不仅没有任何的怨恨，而且在知道儿子的情况后，反而显灵劝告儿子，告诉他，自己是佛陀的弟子，愿以佛陀的慈悲来原谅他，而且佛陀就快入灭了，如果不赶快去，就再也见不到佛陀了，因为除了佛陀能救他，使他不坠入地狱外，再也没有任何人可以解救他了。受到父王的宽宥和催促，阿阇世王因此前往求见佛陀，而得以获救。

频婆娑罗王的宽容，真是令人感动，他展现了宽容的真义，如此难能可贵的宽容，他不只原谅了儿子，也更升华了自己！

人生感悟

宽容，不止是一种思想，更是一种可以实践的本质，学会宽容别人，就是在升华自己。给别人一个改过的机会，就是给自己一个更广阔的空间！

# 你可以改变心情

多年以前，有一个女孩被强暴了，非常痛苦。她就到庙里去烧香求签，看到她一脸悲伤，一位老和尚问她发生了什么事。

这个女孩哭了，她泣不成声地说：“我好惨啊，我多么的不幸啊，我这一辈子都忘不了这件事情了……”

听罢她的陈述，老和尚对她说：“这位小姐，你被强暴是你自愿的。”

这个女孩被老和尚的这句话吓了一跳，说：“你说什么，我怎么可能自愿被强暴？”

老和尚对她说：“你被他强暴一次，但在你的心里天天心甘情愿地被他强暴一次，那你一年下来，就被他强暴了365次。”

“这是什么意思呢？”女孩不解地问。

“在你身边发生了一件不好的事情，你好像看了一场不好的电影一样，天天回想，这不是很笨的事情吗？这与重蹈覆辙有什么区别呢？你改变不了环境，但你可以改变自己；你改变不了事实，但你可以改变态度；你改变不了过去，但你可以改变现在；你不能控制他人，但你可以掌握自己；你不能预知明天，但你可以把握今天；你不可以样样顺利，但你可以事事尽心；你不能延伸生命的长度，但你可以决定生命的宽度；你不能左右天气，但你可以改变心情……”

**人生感悟**　除了不能改变过去，你可以改变的事情很多，包括你的现在和未来。所以，应该换一个角度、换一种思维、换一份心情去生活。

# 宽容铺建了一条五彩路

一个小学校长在他的校园里巡视，当他走到教学楼后面一条正在铺筑水泥的小路上时，他发现还没有完全凝固的水泥地面上有两只玻璃球。他绕过去，尽量靠近那两只玻璃球。他想，一定是孩子们在课间玩耍时一不留神儿把玻璃球弹到了这里，如果现在不赶快把它们抠出来，等水泥完全凝固了，那玻璃球就成了永远的镶嵌物。他弯下腰，准备伸手去抠玻璃球。突然，有两个男孩吃吃地笑着，手拉手从他身边飞快跑过，跑出几十米后，又警觉地回头，似乎是担心会遭到校长的批评。校长愣了一下，猛地意识到了什么，他摆摆手，示意那两个男孩过来。

两个男孩吐着舌头不情愿地走过来，手紧紧捂着口袋。校长微笑着对他们说："你们能不能借给我一样东西？"两人齐声问："什么东西？"校长说："你们口袋里的东西——玻璃球。"两个男孩惊讶万分，低着头，不敢迎视校长的目光。口袋里一阵脆响之后，他们把10多只玻璃球交到了校长手里。

校长俯下身子，像个淘气的孩子，把玻璃球一只一只按到了水泥路面上。两个男孩连忙向校长认错，承认原先那两只玻璃球是他俩按进去的，并表决心说："我俩再也不敢了。"校长听了爽声大笑起来。他说："为什么要认错呢？我表扬你们两个还怕来不及呢！你们看，水泥路面原本多么灰暗、多么单调，但是，镶上了几个玻璃球后就显得那么精神、那么漂亮！快去，告诉你们的同学，让大家把玩过的玻璃球、小贝壳、彩石子全都拿来，砌出你们自己喜欢的图案——心形、圆形、三角形，什么图形都可以，咱们要把这条路铺成一条五彩路！"

多少年过去了，当年的孩子又有了孩子。当他们满怀信任地将自己的孩子送进自己的母校时，总忘不了牵着孩子的手，带他们来走这条五彩路。

## 人生感悟

那些美丽自由的图案深藏着少年花样的梦想，被一条缎带般的甬路阐释得具体而透辟。不再年少的心澎湃着、激荡着，在分享不尽的一份包容与睿智面前，再一次感受到了生活的美好，再一次汲取了奋进的力量。

# 原谅自己仇人的人最高尚

从前有一个富翁，他有3个儿子，在他年事已高的时候，富翁决定把自己的财产全部留给3个儿子中的一个。可是，到底要把财产留给哪一个儿子呢？富翁于是想出了一个办法：他要3个儿子都花1年时间去游历世界，回来之后看谁做了最高尚的事情，谁就是财产的继承者。

1年的时间很快就过去了，3个儿子陆续回到家中，富翁要3个人都讲一讲自己的经历。

大儿子得意地说："我在游历世界的时候，遇到了一个陌生人，他十分信任我，把一袋金币交给我保管，可是那个人却意外去世了，我就把那袋金币原封不动地交还给了他的家人。"

二儿子自信地说："当我旅行到一个贫穷落后的村落时，看到一个可怜的小乞丐不幸掉到湖里了，我立即跳下马，从河里把他救了起来，并留给他一笔钱。"

三儿子犹豫地说："我没有遇到两个哥哥碰到的那种事，在我旅行的时候遇到了一个人，他很想得到我的钱袋，一路上千方百计地害我，我差点死在他手上。可是有一天我经过悬崖边，看到那个人正在悬崖边的一棵树下睡觉。当时我只要抬一抬脚就可以轻松地把他踢到悬崖下，我想了想，觉得不能这么做。正打算走，又担心他一翻身掉下悬崖，就叫醒了他，然后继续赶路了。这实在算不了什么有意义的经历。"

富翁听完3个儿子的话，点了点头说道："诚实、见义勇为都是一个人应有的品质，称不上是高尚。有机会报仇却放弃，反而帮助自己的仇人脱离危险的宽容之心才是最高尚的。我的全部财产都是老三的了。"

**人生感悟**

宽容对一个人来说，永远是一种高尚的品质。事实上，每个人都有不尽如人意的地方，问题在于我们怎样去帮助后进的人，使他进步，切莫让他随波逐流，这才是真正的宽容所在。

# 第十八章

# 学会爱，超越爱

许多时候，含蓄的天性，让我们总是不敢说爱，不好意思示爱，结果往往错过了爱可以发挥的力量；等到失去了，错过了机会，一切都难从头开始，难过、失落与伤怀，都很难被抚平。

美国作家海伍德说：“爱不贵亲爱，而贵长久。”一同走过人生风雨的爱情，才能迎来幸福的阳光和彩虹。

懂得了爱的意义，你的人生将愈加厚重、深沉，幸福也会更长久。

# 爱的力量是伟大的，因为爱可以创造奇迹

有一少妇在回家的路上，马上要到家时，习惯性地看了一下4楼自家的阳台，可爱的儿子正在阳台上期待着妈妈回来。

看到妈妈，儿子开始招手，这时少妇也有意识地招手，突然少妇意识到这样可能会有危险，但已经晚了。儿子由于要迎接妈妈，身体前倾，突然失去平衡，从阳台上掉了下来。

这时房间里的人惊呆了，纷纷跑到阳台上呼叫。

再看这位妈妈，一发现儿子掉下来，就奋不顾身地去救儿子，奇迹发生了，儿子被妈妈接住了，并且安然无恙。

人们都觉得很奇怪，一个少妇怎么能跑得那样快，并能接住自己的儿子？因为按当时少妇跑的速度，应该已打破了百米跑世界纪录。

后来人们找百米跑世界冠军做了一个试验：同样的距离，从阳台上掉下同样重量的物体，看能否接得住。结果是，无论如何也接不住。让这位少妇再

来一次，结果也是再也没有看到打破百米世界纪录的速度。

最后人们总结为：爱的力量是伟大的。

人生感悟

我们每个人都有超越平凡的潜能，这种潜能就隐藏在我们的体内。危急时刻出现时，这种潜能最容易被激发出来。除此之外，爱的力量是伟大的，因为爱也可以激发潜能，更能创造奇迹。

## 付出自己的爱心，可以创造生命的奇迹

方妈妈的儿子方亮，因勇敢阻击抢劫犯张君一伙歹人而遭到枪击。子弹是从他的太阳穴射进去的，方亮的大脑几乎全被破坏了。

当方妈妈赶到医院里，看到已经是植物人的儿子时，她有些不相信，两天前儿子还是活蹦乱跳地站在她的面前呀！方亮一直昏迷不醒，方妈妈一直陪着他，吃住在他身边，嘴里只有一句话："儿子，你醒醒吧，你醒醒吧。"

7天后，方亮的肌肉因为血液流通不畅开始萎缩。方妈妈就开始给儿子按摩肌肉，夜晚的时候，方妈妈为了增加儿子的温度，把儿子没有知觉的腿放在自己的怀里暖着。

方亮一直处于昏迷不醒的状态，当所有医护人员都束手无策的时候，细心的方妈妈发现，每当她叫儿子名字的时候，昏迷着的方亮的心脏都会跳动一下，而且表现非常明显，这说明方亮已经有了感应。当这一结果被医生发现的时候，一些专家也称其为医学界的奇迹。

方亮昏迷49天后，方妈妈在给方亮揉完腿以后，开始给方亮讲他小时候的故事，然后流着泪问方亮："孩子，你听见妈的话了吗？你要是听见就眨一下眼睛，好吗？"这时方亮的睫毛动了一下，他的眼角处流出了一滴眼泪。方妈妈创造了又一个奇迹。

方亮在病床躺了15个月以后，医生让他下床练习走路。在两个医护人员

的帮助下，方亮下了床，但他的两条腿已经没有知觉了，是方妈妈跪在地上，先挪他的左腿，然后再挪他的右腿，然后再往前走一步，再跪下来……

方亮入院18个月后，他终于第一次开口了，他的口形变化了很多次，但反复只说着一个字：“妈，妈，妈……”

人生感悟

当我们遇到困难的时候，当我们遭受不幸的时候，当我们濒临绝境的时候，都不要忘记付出我们的爱，都不要忘记用爱心来呵护我们的生活和生命。因为付出自己的爱心，可以创造生命的奇迹。

## 花点时间去行善，心灵会得到慰藉

在美国新墨西哥州的富瓦社区，生活着3名流浪汉，他们持有行乞证，并在这个社区生活了13年。但在1998年11月6日，新墨西哥州政府却通过了一项法案，对行乞10年以上的乞丐停发行乞证，理由是他们已非常富裕，不再具有行乞资格。没办法，3名流浪汉只好离开新墨西哥前往佛罗里达。

富瓦社区的萨姆神父得知此事后，立即表示反对，并致信州政府，要求把3位乞丐重新召回。他说：“社区里不能没有乞丐，州政府的这种做法，完全是对善良人的亵渎，是对人性的漠然和不尊重。该法案必须进行修改。”

起初，大家都以为萨姆神父是出于对弱者的同情，可后来发现根本不是这么回事。

萨姆神父是这样说的：“40年来，我曾在富瓦等6个社区担任神父，这6个社区的人口和富裕程度都差不多，可是其中有一个社区找我解决心灵问题的人最少，来教堂忏悔的人也不如其他社区多。为什么会出现这种情况呢？难道是这儿的人不够虔诚吗？有一段时间，我非常困惑。后来我发现，原来这个社区有一家孤儿收养中心，那儿有5名孤儿，正是这5名孤儿给他们带来了福音，因为孤儿唤起了他们的善行，孤儿使他们有了行善的地方。而经常行善的人，心灵是不会出现问题的，再说心灵出现问题的人去行善，心灵也会得到慰藉。富瓦社区的3名流浪汉也是富瓦社区的福音。现在把他们赶走了，富瓦社区的人想通过布施获得心灵安慰和满足的机会也就没有了，作为一名神父，我能接受这样的法案吗？”

后来，经过萨姆神父和群众的共同努力，3名富瓦社区的流浪汉被警察护送着从佛罗里达返回新墨西哥州。

在迎接3名流浪汉归来时，富瓦社区的人全部出动，他们举着标语，喊着口号，欢呼他们的胜利。其中有这样两幅标语：“花时间去帮助别人，会医治自己的创伤。”“一个小小的善举，可媲美于运动一小时后所得的舒畅。”

**人生感悟**

行善是一种美德，是因为行善可以帮助别人。但除此之外，不可否认，经常花点时间行善，的确可以得到心灵的安慰和满足，甚至可以说，行善确实是一种维护人性的需要。

# 爱，就是为对方着想

这是一个现代都市里的浪漫爱情故事。他得了绝症，她辞掉了自己的工作，专心在医院里照顾他。他们纯洁的恋情打动了所有的人。

整整两年，他的病友换了一个又一个，有的康复出院，有的进了太平间。而小伙子的病情不见好转也不见恶化。终于有一天，医生告诉他们一个沉痛的消息：小伙子的生命挺不过这一周了。女孩儿失声痛哭，小伙子却长舒了一口气。报社的记者们知道了这个感人的故事也匆忙赶来了。

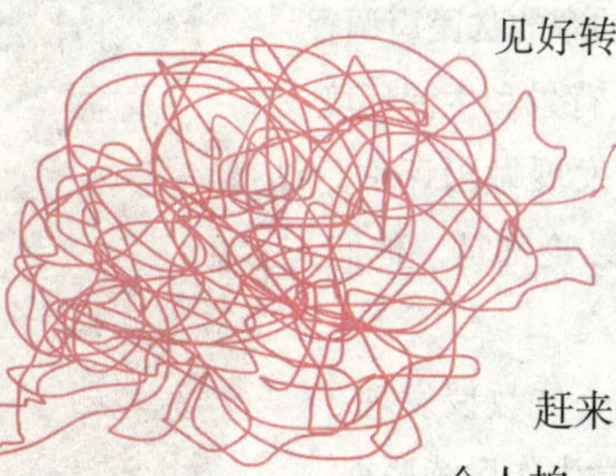

记者们提出给两个人拍一张照，女孩儿拢了拢自己的头发，准备配合记者拍照，小伙子却拦住了：“还是不要拍了吧。”

“为什么？”

“将来她还要嫁人呢！我不想影响她以后正常的生活。”

她扑进他怀里失声痛哭。

第二天报纸上登出的是女孩的侧面照，一张美丽得让人心碎的侧影。

### 人生感悟

真正的爱情不是占有，而是无私的付出，是时刻为对方着想。为对方着想，不仅体现在遭遇不幸的时候，也体现在日常相处的点点滴滴中。

许多失败婚姻，根源就在于双方只知道要求得到对方的爱，却没有真诚地为对方着想。他们不知道自己的另一半在想什么，工作状况怎样，什么事情让他愁眉不展，不知道他有哪些朋友……总之，对对方的一切都漠不关心，更谈不上在对方需要的时候能给予安慰、指点或帮助了。

爱他就多为他着想，这样做你也会得到他更多的爱。

## 爱能创造出力量，这力量能使人变得杰出

25年前，有位大学教授曾叫班上的学生到巴尔的摩的贫民窟调查200名男孩的成长背景和生活环境，并对他们未来的发展做出评估。结果，每个学生的结论都是“他们毫无出头的机会”。

25年后，另一位教授发现了这份研究，他叫学生作后续调查，看昔日那些男孩今天是何状况。调查结果是，除了有20名男孩搬离或过世，剩下的180名中有176名成就非凡，其中做律师、医生或商人的比比皆是，还有一些

成了作家或国家干部。

这位教授在惊讶之余，决定深入调查此事。他亲自拜访了当年曾受评估的那些年轻人，并向他们请教同一个问题：“你今日会成功的最大原因是什么？”结果他们都不约而同地回答：“因为我遇到了一位好老师。”

这位老师当时仍然健在，虽然年迈，但还是耳聪目明。教授找到她后，问她到底有何绝招，能让这些在贫民窟长大的孩子个个出人头地。

这位老太太眼中闪着慈祥的光芒，嘴角带着微笑回答道：“其实也没什么，只因为我爱这些孩子们，这就是他们奋进的最大力量。”

**人生感悟**

爱可以创造力量，这力量能使平庸变得杰出。把爱给你的孩子，你的另一半，你的朋友，你的邻居……让每个接近你的人都有被关爱的感觉，这对于他们的成功大有益处。

## 爱不需要回报，它需要的是心心相传

在美国东部的一个风雪交加的夜晚，推销员克雷斯的汽车坏在了冰天雪地的山区。

野地四处无人，克雷斯焦急万分，因为如果不能离开这里，他就只能活活被冻死。

这时，一个骑马的中年男子路过此地，他二话没说，就用马将克雷斯的小车拉出了雪地，拉到了一个小镇上。

当克雷斯拿出钱对这个陌生人表示感谢时，中年男子却说：“我不要求回报，但我要你给我一个承诺。当别人有困难的时候，你也尽力去帮助他。”

在后来的日子里，克雷斯帮助了许许多多的人，并且将那位中年男子对他的要求，同样告诉了他所帮助的每一个人。

6年后，克雷斯被一次骤然发生的洪水围困在一个小岛上，一位少年帮助了他。

当他要感谢少年时，少年竟然说出了那句克雷斯永远也不会忘记的话：

“我不要求回报，但你要给我一个承诺……”

克雷斯的心里顿时涌起了一股暖流。

人生感悟 每个人都有爱心，只要心心相传，用爱心传递爱心。这样，我们就会生活在爱的世界里。

# 奉献一点爱心，就可以收获美好的人生

乔治是华盛顿一家保险公司的营销员。

有一次他为女友买花，认识了一家花店的老板本。其实也只是认识而已，他总共只在本的花店里买过两次花。

后来，乔治因为为客户理赔一笔保险费，被莫名其妙地控以诈骗罪投入监狱，他要坐10年的牢。听到这个消息后，他的女友离开了他。他更是心灰意冷，因为10年的时间太长了，他过惯了热烈、激情的生活，不知自己该如何打发这漫长的既没有爱，也看不到光明的日子，他对自己一点儿信心也没有了。

乔治在监狱里过了郁闷的第一个月，他几乎要疯了。这时，有人来看他。他有些纳闷，在华盛顿他没有一个亲人，他想不出有谁还记着他。

在会见室里，他不由地怔住了，原来是花店的老板本。本给他带来了一束花。

虽然只是一束花，却给乔治的牢狱生活带来了生机，也使他看到了人生的希望。他在监狱里开始大量地读书，钻研电子科学。

6年后，他获释了。他先在一家电脑公司做雇员，不久自己开了一家软件公司，两年后，他身家过亿。

成为富豪的乔治去看望本，却得知本已于两年前破产了，一家人贫困潦倒，举家迁到了乡下。

乔治把本一家接回来，给本一家买了一套楼房，又在公司里为本留了一个位置。乔治说：“是你那年的一束花使我留恋人世的爱和温暖，给予了我战胜厄运的男气，无论我为你做什么，都不能回报当年你对我的帮助，我想以你的名义捐一笔钱给北美机构，让天下所有不幸的人都感受到你博大的爱心。”

后来，乔治果然捐了一大笔钱出来，成立了“华盛顿·本陌生人爱心基金会”。

**人生感悟**　奉献一点爱心，去爱每一个人，是每个人都很容易做到的事。一句话、一个微笑、一束花就够了，这对我们来说并没有什么，但可以帮助别人走出困境，同时也会使自己的人生更加美好。

## 恶念需要摈除，善念需要觉悟

生长在北极圈附近的人们靠猎杀动物为生。对于猎人来说，猎杀貂是一件很容易的事，不像猎杀北极熊之类的大动物风险那么大，而且身手笨拙的猎人可能会因此而搭上身家性命。而猎杀貂的风险就小多了。虽然貂的肉很少，但貂皮可以卖上一个好价钱。

美国的一位摄影记者曾经记录了猎人猎杀貂的过程，那十分“残忍”。

夜幕降临时，猎人穿上厚厚的棉衣出发，到貂类经常出没的地方躺下，假装快要冻死的样子。貂生性慈悲，看到有人卧在雪地里，它们会从暖暖的

洞穴里跑出来，用自己的身体温暖那些假装冻死的人。于是，猎人就十分轻易地抓到了貂。

这种令人齿寒的捕貂方法被记者报道后，引起了美国动物保护协会的抗议，并且信奉上帝的西方人也无法接受，他们认为这是人类最为丑陋、最为险恶的行为。

很多人认为，应该对那些惨无人道的猎人加以制裁，希望通过政府的力量，对该国的经济进行制裁，以惩罚那些捕貂者。

但是，当地人并不认为这有悖于人道。他们认为，这只不过是貂的习性，而这种捕貂的方法更是流行了上千年，他们的祖祖辈辈一直是这样捕貂的。

但严厉的谴责还是让那些捕貂者重新认识到了自己的行为，迫于舆论压力，当地开始制止这种“忘恩负义”的捕貂行为。

经过十几年的禁猎后，这种捕貂行为被当地猎人所废弃，如果还有人采用这种捕貂方法，会被同行所不齿，并无法加入捕猎大型动物的猎人组织行列。

**人生感悟**

有时候人的恶念是被惯性牵引着的，久而久之，恶念便成了一种常事而被人忽视。所以，对于恶念，我们需要常常摈除。善念需要觉悟，需要我们不断地提及。当善念战胜恶念时，这个世界才会平和安详。

## 有清白的良心，我们才能安然入睡

午后，张林薇倚于床头闲翻杂志，他看到一个句子：“清白的良心是一个温柔的枕头。”就随手记在纸上，细细体味。这个句子让张林薇想起发生在自己母亲身上的事来。

那是一个夏天的晚上，张林薇和母亲在院中纳凉。突然有一只小白兔从门缝里钻进张林薇家中，赶也赶不走。母亲说：“天色已晚，让小兔子往哪去呢？弄不好会让一些坏人给吃了。不如先留它一夜，明天早上谁来找它，咱们再把小兔子还给谁。”张林薇就找出一个笼子把小兔子安置下来。

第二天，并没有人来找小兔子，也没有人吆喝少了兔子，就这样又过了好多天，还是没人找。小兔子在张林薇家一天天心安理得地住了下来，而母亲却越来越感到不安。

一天晚饭后母亲再也忍不住了，那晚母亲一边给小兔子喂青草，一边说："我怎么总觉得眼皮跳，耳根发热？好像有人在说我什么似的，小兔子，你说是喂你还是放了你？"兔子只顾埋头津津有味地吃草，并没有理会她的言词。

母亲叹了口气，从张林薇父亲的皮夹里抽出两块钱就出去了。过了一会儿，母亲回来了，如释重负地对张林薇说："我把两块钱放在西边大路口了。谁要是捡了去，就当赎了这只小兔子了，省得晚上我睡觉也不踏实。"

**人生感悟**　作为一个人，总是与一些事物相联系着。有些事情，也许不为人所知，但躲不过良心的审视。清白的良心是一个温柔的枕头，枕着它我们才能得以安然入睡。

## 在这个世界上，真正的上帝是人们的爱心

在美国的一条大街上，一个小男孩捏着一枚1美元硬币，一家一家商店地询问着："请问您这儿有上帝卖吗？"店主要么说没有，要么认为他在捣乱，把他撵出店门。这时天就快黑了，小男孩已跑了28家商店了，但他并没有灰心。

就在他进了第29家商店的时候，店主热情地接待了小男孩。店主是个60多岁的老头儿，他满头银发，慈眉善目。他笑眯眯地问男孩："告诉我，孩子，你买上帝干吗？"

男孩流着泪告诉老头儿，他叫邦迪，父母很早就去世了，他是被叔叔帕特鲁普抚养大的，而且叔叔每天教他读书，增加知识，还教他做人的道理。

邦迪的叔叔是个建筑工人，前不久从脚手架上摔了下来，至今昏迷不醒。医生说，只有上帝才能救他。邦迪想，上帝一定是种非常奇妙的东西，我把上帝买回来，让叔叔吃了，伤就会好。

这时的老头儿眼圈湿润了，问："你有多少钱？"

邦迪如实说："只有1美元。"

"孩子，眼下上帝的价格正好是1美元。"老头儿接过硬币，从货架上拿了瓶"上帝之吻"牌饮料说，"拿去吧，孩子，你叔叔喝了这瓶'上帝'就没事了。"

邦迪想也没有想，把1美元递给了店主，将饮料抱在怀里，兴冲冲地回到了医院。一进病房，他就开心地叫道："叔叔，我把上帝买回来了，你很快就会好起来！"

不久，帕特鲁普真的出院了，出院时，他看到医疗费账单上那个天文数字，差点儿吓昏过去。可院方告诉他，有个老头儿帮他把钱付清了，而且是他请了一个由世界上顶尖的医学专家组成的医疗小组来到了医院，对他进行会诊，他们采用了世界上最先进的医疗技术，才治好了帕特鲁普的伤。

原来那老头儿是个亿万富翁，从一家跨国公司董事长的位置上退了下来后，隐居在本市，开了家杂货店打发时光。帕特鲁普激动不已，他立即和邦迪去感谢老头儿，可老头儿已经把杂货店卖掉，出国旅游去了。

帕特鲁普找不到老头儿，也就不再去想了。他和邦迪继续过着平淡、幸福的生活。

突然有一天，帕特鲁普接到了一封信，是那老头儿写来的，信中说："年轻人，你能有邦迪这个

佳儿，实在是太幸运了。为了救你，他拿着1美元到处购买上帝——感谢上帝，是他挽救了你的生命。但你一定要永远记住，在这个世界上，真正的上帝是人们的爱心！希望你以后还能继续教给他做人的道理。”

人生感悟

在被各种欲望包围时，我们的爱心也会被淹没，有时甚至不如一个孩子，这不能不让我们汗颜。我们经常向上帝祈祷能带给我们好运，殊不知，在这个世界上，真正的上帝是人们的爱心。

# 爱，需要自由的空间

莉莎和男朋友分手了，处在情绪低落中，从他告诉她应该停止见面的一刻起，莉莎就觉得自己整个被毁了。她吃不下睡不着，工作时注意力集中不起来。人一下消瘦了许多，有些人甚至认不出莉莎来。一个月过后，莉莎还是不能接受和男朋友分手这一事实。

一天，她坐在教堂前的院子的椅子上，漫无边际地胡思乱想着。不知什么时候，身边来了一位老先生。他从衣袋里拿出一个小纸口袋开始喂鸽子。成群的鸽子围着他，啄食着他撒出来的面包屑，很快就飞来了上百只鸽子。他转身向莉莎打招呼，并问她喜不喜欢鸽子。莉莎耸耸肩说：“不是特别喜欢。”他微笑着告诉莉莎：“当我是个小男孩的时候，我们村里有一个饲养鸽子的男人。那个男人为自己拥有鸽子感到骄傲。但我实在不懂，如果他真爱鸽子，为什么把它们关进笼子，使它们不能展翅飞翔，所以我问了他。他说：‘如果不把鸽子关进笼子，它们可能会飞走，离开我。’但是我还是想不通，你怎么可能一边爱鸽子，一边却把它们关在笼子里，阻止它们要飞的愿望呢？”

莉莎有一种强烈的感觉，老先生在试图通过讲故事，给她讲一个道理。虽然他并不知道莉莎当时的状态，但他讲的故事和莉莎的情况太接近了。莉莎曾经强迫男朋友回到自己身边。她总认为只要他回到自己身边，一切都会好起来的。但那也许不是爱，只是害怕寂寞罢了。

老先生转过身去继续喂鸽子。莉莎默默地想了一会儿，然后伤心地对他说："有时候要放弃自己心爱的人是很难的。"他点了点头，但是，他说："如果你不能给你所爱的人自由，你就不是真正地爱他。"

长相厮守的意义不是用柔软的爱捆住对方，而是让他带着爱自由飞翔。

生活中一些事情常常是物极必反的：你越是想得到他的爱，越要他时时刻刻不与你分离，他越会远离你，背弃爱情。你多大幅度地想拉人向左，他则多大幅度地向右荡去。

所以我们应该让爱人有自己的天地去做他的工作，譬如集邮，或是其他任何爱好。在你看起来，他的嗜好也许傻里傻气，但是你千万不可嫉妒它，也不要因为你不能领会这些事情的迷人之处就厌恶它。你应该适时地迁就他。

爱人有了特殊的嗜好以后，我们还必须给他另外一个好处：有些时候要让他独自去做他喜爱的事，使他觉得拥有真正属于自己的东西。

毫无疑问，爱人时常需要从捆在他脖子上的爱的锁链里挣脱出来。如果我们能够帮助并支持他们，去培养一些有趣的嗜好——并且给他们合理的机会享受完全的自由——那么我们就是在做一些使他们快乐的事了。

## 人生感悟

真正的爱是可以超越时间、空间的。因此，作为婚姻的双方，在魅力的法则上，请留给彼此一个距离，这距离不仅仅包含空间的尺度，同样包含心灵的尺度：留下你自己独特的性格，不要与我如影随形；留下你自己内心的隐私，不要让我感到你是曝光后苍白的底片；留下你一份意味深长与朦胧的神秘……不要试图挽留我离去的脚步，不要幻想我的目光永远专注于你，一切都应是自然形成，在你我之间留下一段距离，让彼此能够自由呼吸。

# 在最危急的时刻，表达出的爱才最真挚

老师出了一个题目：《爱的表达方式》，要求每个人说一种，但不能重复。

答案五花八门，有的说可以用宽容来表达；有的说用鲜花和语言来表达；有的说痛苦一个人承受，快乐两个人分享，这就是爱的最好的表达方式……

有一个叫秦依的东北女孩，讲了这样一个故事。

有一对年轻夫妇，都是生物学家，很恩爱，他们经常一起深入原始森林考察。

有一天，他们像往常一样钻进了森林，可当他们爬过那块熟悉的山坡时，顿时僵住了，有只老虎正盯着他们。他们没带猎枪，逃跑也不可能了。

他们脸色苍白，一动不动。老虎也站在那儿一动不动。僵持了几分钟后，老虎朝他们走来，继而开始小跑，然后越跑越快。就在这时，那个男的突然喊了一声，然后自顾自地飞快跑开了。奇怪的是，快跑到那女的面前的老虎也突然改变了方向，朝那男的追了过去。随后那边就传来了惨叫声，而女的却平安地逃了回来。

这时候，几乎所有的人都说了声“活该”。也就在这时候，秦依问大家知不知道那男的喊的是什么。几十个学生大致给出了两种答案。一是：老婆，对不起啊！二是：赶快逃，逃一个算一个。

秦依说：“错了！那个男的对他的妻子喊的是：‘照顾好依依，好好活下去！’”这时，秦依的脸上已经挂满了泪水。

面对着大家的惊愕和不解，她接着说道：“在那种情况下，老虎绝对只会攻击逃跑的人，这是老虎的特性。”

最后，秦依说：“在最危险的时刻，我爸爸一个人跑开了，但他用这种方式表达了对我妈妈最真挚的爱……”

教室里沉寂了一会儿，接着响起了掌声。

**人生感悟**　爱的表达方式，可谓五花八门、多不胜数。有些人深谙此道，但有些人却不善于表达。

# 孩子的心愿不但简单，而且朴素真挚

晚饭过后，母亲忙着似乎永远也忙不完的家务。刚上五年级的女儿大声问：“妈妈，问你个问题，你的心愿是什么？”

母亲先是一愣，接着不耐烦地回答：“心愿很多，跟你说没用。”

女儿执拗地要求：“您就说说看，这对我很重要。”

看见女儿坚持的样子，母亲就回答说：“好吧，就说给你听听。第一，希望你努力学习，保持好成绩；第二，希望你听话，不让大人操心；第三，希望你将来考上名牌大学；第四……”

女儿打断母亲的回答：“哎，妈妈，你不要总是围着我打转转，说说你自己的心愿吧！”

母亲有滋有味地历数着，沉浸在对美好未来的种种设想之中：“我嘛——一是希望身体健康，青春长驻；二是希望工作顺心，事业有成；三是希望家庭和睦，美满幸福；四是……”

女儿再次打断母亲的回答：“哎呀，妈妈，您说的这些又大又空，能不能说点实际的？比如你想要……”

母亲猛然好像发现了什么似的，有些要发火似的打断女儿的话：“我就知道你跟我玩心眼儿，一定是老师留了关于心愿的作文题目，你写不出来就想到我这里挖材料对不对？实话告诉你吧，我的心愿多着呢！我想要别墅，我想要小轿车，我想要高档时装，看，我的皮包坏了，还想要一只鳄鱼皮手袋，你看这些实际不实际？这些你都能满足我吗？跟你说顶什么用？好了，心愿说完了，你去写作业吧。”

女儿回到自己的房间，屋子空荡荡的，安静得只听见墙上的钟摆声。母亲觉得有些话还意犹未尽，就站起身推开女儿的房门。女儿正在写作业，串串泪珠滚落，不停地用手背擦着，母亲的无名火又上来了，比刚才的声音还要高出几个分贝，吼道：“你还觉得挺委屈是不是？你想偷懒是不是？你故意气我是不是？”

女儿解释：“妈妈，我不是……”

“还敢顶嘴！告诉你，9点钟之前写不完这篇作文有你好看的！”母亲很权威地命令着，一扭身“嘭”地关上了门。

第二天晚上吃完饭，女儿照例进屋写作业，母亲照例重复着每日必做的家务。蓦然间，她发现茶几上多出了一束鲜花，鲜花旁放了一个包装袋，包装袋上放了一张小字条，字条上面写着：

妈妈：

今天是您的生日，我用平时攒的零花钱和这两年的压岁钱给您买了一只鳄鱼皮包。让您高兴，这是我最大的心愿。

想给您一份惊喜却不小心惹您生气的孩子

母亲的心颤抖了，呆呆地坐在沙发上说不出一句话。

**人生感悟**

很多时候，大人的心愿太高太大，不切合实际，烦恼往往由此而生；而孩子的心愿简单，朴素真挚，却往往在不经意间被大人忽略了。相比而言，孩子们稚嫩的童心和美好的心愿正是我们所缺少的。

# 第十九章

# 世事本不完美，人生当有不足

追求完美是人类正常的渴求，也是人类最大的悲哀，因为现实生活中“完美”这个字眼的诞生原来就伴有缺憾。世界上本无完美之事物，如果你一味地将追求完美的茧一层一层地套在身上，那么你最终也会死在这重重的包裹之中。“完美”实在是生命中没有必要一定要承载的重量，所以，人生旅途中，你永远不要背负“完美”的包袱上路，否则你将永远陷入无法自拔的矛盾之中，最后也只能在哀叹中终老而亡。

# 太能算计者，快乐与他绝缘

美国心理专家威廉根据多年的实践，列出了500个测试题，测试一个人是否是一个“太能算计者”。这些测试题很有意思。比如，是否同意把1分钱再分成几份花？是否认为银行应当和你分利才算公平？是否梦想别人的钱变成你的？出门在外是否常想搭个不花钱的顺路车？是否经常后悔你买来的东西根本不值？是否常常觉得你在生活中总是处在上当受骗的位置？是否因为给别人花了钱而变得闷闷不乐？买东西的时候，是否为了节省1块钱而付出了极大的代价，甚至你自己都认为，跑的冤枉路太长了？……

只要你如实地回答这些问题，就能测出你是否是一个“太能算计者”。

威廉认为，凡是对金钱利益太过于算计的人，都是活得相当辛苦的人，又总是感到不快乐的人。在这些方面，他有许多宝贵的总结。

第一，一个太能算计的人，通常也是一个事事计较的人。无论他表面上多么大方，他的内心深处都不会坦然。算计本身首先已经使人失掉了平静，掉在一事一物的纠缠里。而一个经常失去平静的人，一般都会引起较严重的焦虑症。一个常处在焦虑状态中的人，不但谈不上快乐，甚至是痛苦的。

第二，爱算计的人在生活中，很难得到平衡和满足，反而会由于过多的算计引起对人对事的不满和愤恨，常与别人闹意见，分歧不断，内心充满了冲突。

第三，爱算计的人，心胸常被堵塞，每天只能生活在具体的事物中不能自拔，习惯看眼前而不顾长远。更严重的是，世上千千万万事，爱算计者并不是只对某一件事情算计，而是对所有事都习惯于算计。太多的算计埋在心里，如此积累便是忧患。忧患中的人怎么会有好日子过？！

第四，太能算计的人，也是太想得到的人。而太想得到的人，很难轻松地生活。

第五，太能算计的人，必然是一个经常注重阴暗面的人。他总在发现问题，发现错误，处处担心，事事设防，内心总是灰色的。

**人生感悟**　难得糊涂是一种生活智慧与生存哲学。洒脱大方的人会给他人带来欢笑，同时也给自己赢得愉悦的感受。

## 放慢脚步，才能欣赏到沿途的风景

一位年轻的总裁，以较快的车速，开着他的新车经过住宅区的巷道。他必须小心游戏中的孩子突然跑到路中央，所以当他觉得小孩子快跑出来时，就要减慢车速，就在他的车经过一群小朋友的时候，他的车门被一个小朋友丢的一块砖头打到了，他很生气地踩了刹车并后退到砖头丢出来的地方。

他走出车外，抓住那个小孩，把他顶在车门一旁说："你知道你刚刚做了什么吗？"接着又吼道，"你知不知道你要赔多少钱来修理这辆新车？你到底为什么要这样做？"

小孩哀求着说："先生，对不起，我不知道我还能怎么办，我丢砖块是因为没有人停下来。"小孩一边说一边流着眼泪。

他接着说："我哥哥从轮椅上掉下来，我没办法把他抬回去。"那男孩啜泣着说，"您可以帮我把他抬回去吗？他受伤了，而且他太重了我抱不动。"

这位年轻的总裁听到这些话后深受感动，他决定帮这个小男孩的哥哥一把，于是他抱起男孩受伤的哥哥，帮他坐回轮椅上，并拿出手帕擦拭他哥哥的伤口。

那个小男孩感激地说："谢谢您，先生，上帝保佑您。"然后男孩推着他哥哥离开了。年轻的总裁慢慢地、慢慢地走回车上，他决定不修它了。他要让那个凹洞时时提醒自己，不要等周围的人丢砖块过来了，自己才注意到生命的脚步已走得太快。

人生感悟

生命是场奇妙的人生之旅，我们大可不必步履匆匆，完全可以放慢脚步，否则错过沿途的风景太可惜——它不会给你第二次回首的机会。

# 把工作当作一件快乐的事情，就不会再有紧张

非洲的某个土著部落迎来了从美国来的旅游观光团，部落里的人们虽然还没有什么市场观念，可面对这样好的赚钱商机，自然也是不会放过。

部落中有一位老人，他正悠闲地坐在一棵大树下面，一边乘凉，一边编织着草帽，编完的草帽他会放在身前一字排开，供游客们挑选购买。他编织的草帽造型非常别致，而且颜色的搭配也非常巧妙，可以称得上是巧夺天工了，游客们纷纷驻足购买。

这时候一位精明的商人看到了老人编织的草帽，他脑袋里立刻盘算开了，他想："这样精美的草帽如果运到美国去，我敢保证一定可以卖个好价钱，至少能够获得10倍的利润吧。"

想到这里，他不由激动地对老人说："朋友，这种草帽多少钱一顶呀？"

"10块钱一顶。"老人冲他微笑了一下，继续编织着草帽，他那种闲适的神态，真的让人感觉他不是在工作，而是在享受一种美妙的心情。

"天哪，如果我买10万顶草帽回到国内去销售的话，我一定会发大财的。"商人欣喜若狂，不由得为自己的经商天才而沾沾自喜。

于是商人对老人说："假如我在你这里定做1万顶草帽的话，你每顶草帽给我优惠多少钱呀？"

他本来以为老人一定会高兴万分，可没想到老人却皱着眉头说："这样的话啊，那就要100元一顶了。"

要每顶100元？这是他从商以来闻所未闻的事情呀。"为什么？"商人冲着老人大叫。

老人讲出了他的道理："在这棵大树下没有负担地编织草帽，对我来说是种享受，可如果要我编1万顶一模一样的草帽，我就不得不夜以继日地工作，不仅疲惫劳累，还成了精神负担。难道你不该多付我些钱吗？"

**人生感悟**　换种态度对待你的工作，你就不会觉得累。享受工作带来的快乐与成就感，你才感觉不到压力。

# 过分紧张会影响发挥，做事情不能患得患失

美国著名的高空走钢索表演者瓦伦达在一次重大的表演中，不幸失足身亡。他的妻子在事后说："我知道这一次一定会出事，因为他上场前总是不停地说：'这次太重要了，不能失败，绝不能失败'；而以前每次成功表演，他只想着走钢索这件事本身，而不去管这件事可能带来的一切后果。"后来，人们就把专心致志于事情本身而不去管这件事的意义，没有患得患失的心态，叫作"瓦伦达心态"。

格罗根指出："无论做什么事情，开始时，最为重要的是不要让那些爱唱反调的人破坏了你的理想。"美国斯坦福大学的一项研究也表明，人脑里的某一图像会像实际情况那样刺激人的神经系统。比如，当一个高尔夫球手击球时一再告诉自己不要把球打进水里时，他的大脑里往往就会出现掉进水里的情景，而结果往往是球真的掉进水里。这项研究从另一个方面证实了"瓦伦达心态"。

**人生感悟**

"先投入战斗，然后再见分晓。"拿破仑如是说。只有行动起来，才能让我们忘却焦虑、紧张。

# 发现生活的美

从前有两个重病人，同住在一家大医院的小病房里。房间很小，只有一扇窗子可以看见外面的世界。其中一个人，在他的治疗中，被允许在下午坐在床上一个小时（有仪器从他的肺中抽取液体）。他的床靠着窗，但另外一个人终日都得平躺在床上。

每当下午睡在窗旁的那个人在那个小时内坐起的时候，他都会描绘窗外的景致给另一个人听。从窗口可以看到公园里的湖。湖内有鸭子和天鹅，孩子们在那儿撒面包片，放模型船，年轻的恋人在树下携手散步，在鲜花盛开、绿

草如茵的地方人们玩球嬉戏，后头一排树顶上则是美丽的天空。

另一个人倾听着，享受每一分钟。一个孩子差点跌到湖里，一个美丽的女孩穿着漂亮的夏装……他朋友的述说几乎使他感觉自己目睹了外面发生的一切。

然而，在一个天气晴朗的午后，他心想：为什么睡在窗边的人可以独享看外头的权利呢？为什么我没有这样的机会？他觉得不是滋味，他越这么想，就越想换位子。他一定得换才行！有天夜里他盯着天花板瞧，另一个人忽然惊醒了，拼命地咳嗽，一直想用手按铃叫护士来。但这个人只是旁观而没有帮忙——尽管他感觉同伴的呼吸已经停止了。第二天早上，护士来的时候那人已经死了，只能静静地抬走他的尸体。

过了一段时间，这人开口问，他是否能换到靠窗户的那张床上。他们搬动了他，帮他换位子，这使他觉得很舒服。他们走了以后，他用手肘撑起自己，吃力地向窗外望去……窗外只有一堵空白的墙。

**人生感悟**　心中有快乐，才能看到窗外的美。心态不同，所以看到的景致也不同。一个热爱生活的人，无论置身何处，都会发现生活中的美，感受到生活的乐趣。

# 别开生面的一堂课，让我们受益良多

在美国的一所大学里，教授在为自己的学生们上一节心理课，主题是《谁是我们一生中最重要的人》，主要是让学生们了解一下在自己内心深处所渴望的恒久慰藉。换言之，让同学们清楚自己最终将情归何处。因为不管是男人还是女人，在临终前都希望自己的亲朋好友或是至亲至爱的人在身边，但最希望的会是哪一位呢?

教授说：“我和大家来做一个游戏，谁愿意配合我一下呢？”

一名女生走上台来。

教授说：“请在黑板上写下你难以割舍的20个人的名字。”

女生照做了，她写下了一连串自己邻居、朋友和亲人的名字。

教授说：“请你画掉一个这里面你认为最不重要的人。”女生画掉了一个她邻居的名字。

教授又说：“请你再画掉一个。”女生又画掉了一个她的同事。

教授再说：“请你再画掉一个。”女生又画掉一个……最后，黑板上只剩下了4个人：她的父亲、母亲、丈夫和孩子。

这时教室里静悄悄的，同学们感觉这似乎已不再是一个游戏了，而特别像一个残酷的现实。

教授平静地说：“请再画掉一个。”女生迟疑着，艰难地做着选择……她举起粉笔，选择画掉了自己父亲、母亲的名字。

“请再画掉一个。”教授的声音再度传来。

这名女生惊呆了，她颤巍巍地举起粉笔，缓慢地画掉了儿子的名字。

她再也忍不住了“哇”的一声哭了，样子非常痛苦。

教授待了一会儿，等她稍微平静后问道：“和你最亲的人应该是你的父母和你的孩子，因为父母是养育你的人，孩子是你亲生的，而丈夫是可以重新去找的，但为什么他反倒是你最难割舍的人呢？”

同学们静静地看着那位女同学，等待着她的回答。

女生缓慢而又坚定地说：“虽然丈夫可以重新去找，但随着时间的推移，父母会先我而去，孩子长大成人后独立了，肯定也会离我而去，而能真正陪伴我度过一生的只有我的丈夫！”

**人生感悟**　人的终极宿命是孤独的。你独自来到人世，这一切你无法抉择。每个人都要独自面对一切难题——成长的困惑，蜕变的阵痛，衰老的到来……

一切的一切只有你自己，当然如果有幸还会有同样一个寂寞的个体陪伴我们。那个人的名字叫伴侣。

## 太在意你的外表，有时反而会成为你的负担

桃乐丝身高不足1.55米，她的体重是62公斤。她唯一的一次去美容院的时候，美容师说桃乐丝的脸对她来说是一个难题。然而桃乐丝并不因那种以貌取人的社会陋习而烦忧不已，她依然十分快乐、自信、坦然。其实最初桃乐丝并不像现在这样乐观，那么是什么改变了她呢？

桃乐丝还记得自己第一次跳舞时的悲伤心情。舞会对一个女孩子来说总是意味着一个美妙而光彩夺目的场合，正值青春妙龄的桃乐丝对这样的场合自然充满幻想和期待。那时假钻石耳环非常时髦，桃乐丝在她为准备那个盛大的舞会练跳舞的时候老是戴着它，以致她疼痛难忍

而不得不在耳朵上贴了膏药。也许是由于这膏药，舞会上没有人和她跳舞，整场舞会下来，桃乐丝在那里坐了整整一个晚上。当她回到家里，桃乐丝告诉父母亲，自己玩得非常痛快，跳舞跳得脚都疼了。他们听到桃乐丝舞会上的成功都很高兴，欢欢喜喜地去睡觉了。桃乐丝走进自己的卧室，撕下了贴在耳朵上的膏药，伤心地哭了一整夜。

有一天，桃乐丝独自坐在公园里，心里担忧如果自己的朋友从这儿走过，在他们眼里她一个人坐在这儿是不是有些愚蠢。当她开始读一段散文时，读到有一行写到了一个总是忘了现在而幻想未来的女人，她不禁想：“我不也像她一样吗？”显然，这个女人把她绝大部分时间花在试图给人留下印象上了，而很少时间她是在过自己的生活。在这一瞬间，桃乐丝意识到自己数年光阴就像是花在一个无意义的赛跑上了。从此桃乐丝完全改变了自己。

**人生感悟**

每个人都有其独特的作用与人生的价值，不要因为天生的相貌而妄自菲薄，这样只会使你发挥不出正常的水平，常常让你错失良机。